Schreiber · Euklid

*1* Euklid? (um 300 v. u. Z.)

Biographien
hervorragender Naturwissenschaftler,
Techniker und Mediziner          Band 87

# Euklid

Dr. sc. Peter Schreiber, Greifswald
unter Mitwirkung von
Dr. Sonja Brentjes, Leipzig

Mit 31 Abbildungen

BSB B. G. Teubner Verlagsgesellschaft · 1987

Herausgegeben von
D. Goetz (Potsdam), I. Jahn (Berlin), E. Wächtler (Freiberg),
H. Wußing (Leipzig)
Verantwortlicher Herausgeber: H. Wußing

Abb. 1 nach einer Miniatur aus einem Manuskript der römischen Agrimensoren (Landvermesser) 6. Jh. [Herzog-August-Bibliothek Wolfenbüttel, Ms. 2403]. Ebenso wie beim Umschlagbild handelt es sich um eine frei erfundene Darstellung.

Schreiber, Peter:
Euklid / Peter Schreiber ; unter Mitwirkung von Sonja Brentjes. — 1. Aufl. — Leipzig : BSB Teubner, 1987. — 159 S. : mit 31 Abb. (Biographien hervorragender Naturwissenschaftler, Techniker und Mediziner ; 87)
NE : GT

ISBN-13: 978-3-322-00377-5          e-ISBN-13: 978-3-322-84406-4
DOI: 10.1007/978-3-322-84406-4

ISSN 0232-3516
© BSB B. G. Teubner Verlagsgesellschaft, Leipzig, 1987
1. Auflage
VLN 294—375/64/87 · LSV 1008
Lektor: Hella Müller

Gesamtherstellung: IV/2/14 VEB Druckerei „Gottfried Wilhelm Leibniz",
4450 Gräfenhainichen · 6784
Bestell-Nr. 666 375 8

00750

# Vorwort

Eine Biographie im üblichen Sinn des Wortes wird man in diesem Buch nicht finden, denn über das Leben Euklids ist keine einzige gesicherte Tatsache bekannt. Der Name Euklid und das ihm zugeschriebene Werk – die *Elemente* – spielen jedoch seit rund 2300 Jahren eine wichtige Rolle, nicht nur in der Geschichte der Mathematik, sondern auch in der der Philosophie und der allgemeinen Kulturgeschichte. Beide Wörter sind auch in der Gegenwart in mannigfachen Zusammensetzungen in Benutzung: euklidische und nichteuklidische Geometrie, euklidische Räume, euklidische Metrik, euklidische Ringe, euklidischer Algorithmus, Elementarmathematik, elementare Theorie usw. beherrschen das Vokabular der modernen Mathematik. Zugleich ist das Wissen des zeitgenössischen Mathematikers und an der Mathematik Interessierten um den Inhalt, die Bedeutung und die historische Entwicklung der *Elemente* auf einem Tiefpunkt angelangt, während andererseits ein kleines internationales Häuflein von Spezialisten fleißig weiter an der riesigen Flut von Sekundärliteratur zu diesem Thema produziert – und dabei nach unserem Gefühl am Informationsbedürfnis einer breiten Schicht möglicher Interessenten vorbeiproduziert. Diesem Mißstand möchten wir mit der vorliegenden populären Darstellung, die sich ausdrücklich nicht an die Spezialisten dieses Gebietes wendet, ein wenig abhelfen. Trotzdem werden vielleicht auch diese einige neue Aspekte finden.

Die Kombination des in dieser Buchreihe üblichen knappen Umfanges mit dem unüblichen Berichtszeitraum von rund 2500 Jahren bedingte, daß viele wichtige Fragen, denen in der Spezialliteratur breiter Raum gewidmet wird, nur angedeutet manchmal nur in einem Satz erwähnt werden konnten. Andererseits haben wir uns bemüht, um einer ausgewogenen Darstellung willen auch auf solche Fragen einzugehen, für die es in der Originalliteratur kaum Vorlauf gibt. Wer eine detaillierte Inhaltsangabe der *Elemente* erwartet, wird enttäuscht sein. Der Text der *Elemente* ist leicht zugänglich, und wir möchten niemandem die Mühe und das Vergnügen nehmen, diesen Text selbst zu studieren. Daher haben wir uns bei der Besprechung der *Elemente* auf die Herausarbeitung gewisser Aspekte konzentriert, die sich beim Lesen nicht ohne weiteres erschließen. Anders verhält es sich mit den kleineren Werken Euklids, die zum Teil etwas ausführlicher vorgestellt werden, da sie nicht so leicht in lebenden Sprachen zugänglich sind. Alle mit dem Parallelenpostulat und der nichteuklidischen Geometrie zusammenhängenden Fragen wurden mit größtmöglicher Kürze behandelt, da es hierüber genügend andere Literatur gibt. (Wir verweisen auf [48], [112], [113], [114], [126] und die dort angegebene Literatur.) Das Literaturverzeichnis ist trotz seines beachtlichen Umfanges sehr fragmentarisch und soll außer der grundlegenden und der unmittelbar zitierten Literatur vor allem solche Titel anbieten, die den Einstieg in möglichst viele weiterführende Fragen ermöglichen. Auf die sonst in dieser Reihe übliche Chronologie wurde verzichtet, da der Berichtszeitraum rund 2500 Jahre umfaßt und über Euklid selbst keine genauen Daten bekannt sind. Bei der Auswahl der Abbildungen mußten viele Wünsche offen bleiben. Es wurden vorwiegend solche Titelblätter reproduziert, die für den deutschen Leser voll verständlich sind, und aus der Fülle der erwähnten Personen einige ausgewählt, deren Bildnisse in der Literatur wenig verbreitet sind. Dem populärwissenschaftlichen Charakter der Reihe entsprechend wurden außereuropäische Namen durch eine deutsche Umschreibung angegeben, die in allen Fällen die Identifizierung mit der in der Fachliteratur üblichen wissenschaftlichen Transkription ermöglichen dürfte.

Frau Dr. Sonja Brentjes hat freundlicherweise das schwierige Kapitel über Euklid in der islamischen Welt und anderen östlichen Kulturen im Mittelalter verfaßt und auch die vorausgehenden Kapitel durch kritische Bemerkungen gefördert. Die Verantwortung für die Gesamtkonzeption und den Inhalt aller übrigen Kapitel trägt allein der Erstautor. Mein Dank gilt ferner den Gutachtern Prof. Dr. H. Wußing (Leipzig) und Doz. Dr. O. Neumann (Jena) für kritische Hinweise sowie dem Teubner-Verlag für die angenehme Zusammenarbeit.

Stralsund, im Juni 1986　　　　　　　　　　　　　　Peter Schreiber

# Inhalt

# Griechische Mathematik vor Euklid

Ein Grundvorrat von mathematischen Begriffen, Sachverhalten und Lösungsrezepten für spezielle Aufgaben gehört zum ältesten geistigen Besitz der Menschheit. Im alten China, Indien, Ägypten, Mesopotamien und ähnlichen Kulturen wurde derartiges Wissen in engster Verbindung mit seinen Anwendungen in Verwaltung, Bau- und Vermessungswesen, Astronomie und Kalenderrechnung usw. jahrtausendelang in kaum veränderter Form gepflegt, bewahrt und weitervermittelt. Charakteristisch für diese Entwicklungsstufe der Mathematik ist ihr Rezeptcharakter, die enge Bindung der Begriffe und Verfahren an bestimmte Praxisbereiche (wozu aber auch kultische und spielerische Bedürfnisse zu zählen sind), die vorwiegend rechnerische Lösung geometrischer Aufgaben und die fehlende oder zumindest nicht schriftlich überlieferte Begründung der verwendeten Lösungsverfahren.

Die Herausbildung einer „reinen", auf die Formulierung von Lehrsätzen, die Erkennung logischer Zusammenhänge zwischen ihnen und schließlich auf den systematischen deduktiven Aufbau ganzer Theorien gerichteten Mathematik vollzog sich in zeitlich und geographisch erstaunlich engen Grenzen, nämlich etwa im 6. bis 4. Jh. v. u. Z. an den Küsten und auf den Inseln des östlichen und mittleren Mittelmeeres. Entsprechend einem im 19. Jh. und der ersten Hälfte unseres Jh. vorherrschenden Mathematikverständnis als reiner Mathematik und als einer im wesentlichen „europäischen" Wissenschaft hat diese frühe griechische Mathematik in zahlreichen ausführlichen Gesamtdarstellungen der Geschichte der Mathematik eine zentrale Rolle gespielt, und es wurden und werden dieser Periode außerordentlich viele Spezialwerke und Originalarbeiten gewidmet. Man muß aber kritisch sagen, daß diesem riesigen Literaturberg eine unverhältnismäßig geringe Menge von gesichertem Wissen, eine sehr geringe Zahl von echten Quellen gegenübersteht und daß die Zahl dieser Quellen sich seit dem Beginn der modernen Geschichtsschreibung der Mathematik auch kaum vermehrt hat, im Unterschied zu fast allen anderen Abschnitten der Geschichte der Mathematik, über die unser tatsächliches Wissen im Verlauf der letzten 100 Jahre im allgemeinen beträchtlich zugenommen hat. Die meisten unserer „Kenntnisse" über die voreuklidische Periode der griechischen Mathematik stammen von spätantiken, meist neupythagoräischen oder neuplatonischen Kommentatoren, also aus einer Zeit, in der die Schöpferkraft der griechischen Wissenschaft längst versiegt war, und von Männern, die die Reste einer unter dem starken Druck des sich ausbreitenden Christentums deformierten elitären Welt- und Wissenschaftsauffassung zu bewahren suchten. Unsere so vermittelten „Kenntnisse" sind also gefiltert durch das lückenhafte Wissen dieser Berichterstatter (sie lebten ja rund 800 bis 1000 Jahre nach der hier zu besprechenden Zeit), durch ihre beschränkten mathematischen Fähigkeiten, durch die von ihnen getroffene subjektive Auswahl und durch ihre meist zugespitzt praxisfeindliche, weltabgewandte ideologische Position. Die Einmaligkeit der Umwandlung der Mathematik aus einer praktischen in eine theoretische Wissenschaft (um es kurz zu sagen), die außerordentliche Bedeutung dieses historischen Vorganges für das Verständnis der weiteren Wissenschaftsentwicklung und die ideologische Brisanz dieses Phänomens haben dazu geführt, daß die Geschichte der frühgriechischen Mathematik ein Tummelplatz verschiedenster entgegengesetzter Hypothesen, Interpretationen und Spekulationen wurde. Der Mangel an unbestreitbaren Fakten hat dies natürlich begünstigt. Nach einer Phase relativer Ruhe, in der es gewisse anscheinend allgemein akzeptierte Grundvorstellungen über die frühgriechische Mathematik gab, ist die Diskussion gerade in den letzten Jahren wieder sehr lebhaft geworden, und dies steht sicher im Zusammenhang mit dem Erstarken der neuen, marxistisch fundierten Wissenschaftshistoriographie wie auch mit der Umwälzung unseres Mathematikverständnisses in den vergangenen Jahrzehnten (Entwicklung der Computertechnik, Eindringen der Mathematik in viele neue Praxisbereiche, Abrücken vom sogenannten Bourbakismus, der extrem strukturtheoretischen Auffassung der Mathematik). Es kann nicht Anliegen dieses kurzen einführenden Kapitels sein, die Entwicklung der griechischen Mathematik von den Anfängen bis zum Auftreten Euklids systematisch und umfassend darzustellen und dabei auch noch auf die verschiedenen Lehrmeinungen einzugehen. Wir müssen den Leser auf entsprechende Bücher verweisen (als repräsentativen Querschnitt durch verschiedene Auffassungen empfehlen wir die Bücher [17], [27], [28], [61], [80], [83], [140], [165], [168] und die angegebenen Originalarbeiten von Fowler, Szabó und Toth) und beschränken uns hier auf eine Skizze derjenigen Fakten und Entwicklungslinien, deren Kenntnis für das Verständnis der Werke Euklids unbedingt erforderlich ist.

Dem Thales von Milet (um 624–um 546) werden die ersten Beweise geometrischer Sätze zugeschrieben. Dabei handelt es sich um sehr einfache und im Prinzip schon lange vorher bekannte Sachverhalte wie z. B. den Kongruenzsatz „Winkel-Seite-Winkel" und die Gleichheit der Basiswinkel im gleichschenkligen Dreieck, die von ihm erstmals bewußt als Lehrsätze formuliert und mit einer logisch zwingenden Begründung versehen werden. In der sich an Thales anschließenden Schule (im übertragenen Sinn) der ionischen Naturphilosophen wurden schon weite Teile der Elementargeometrie nach dieser neuen Methode behandelt. Dabei soll Oinopides von Chios (um 475 v. u. Z.) erstmals für verschiedene einfache Konstruktionsaufgaben Lösungen mit Zirkel und Lineal angegeben und in der seither üblichen Form theoretisch begründet haben. Jedoch waren Zirkel und Lineal in diesem frühen Stadium der griechischen Geometrie wie auch später keineswegs als Konstruktionsmittel verbindlich. Z. B. verwendete Hippokrates von Chios (um 440 v. u. Z.), der durch die flächengleiche Verwandlung verschiedener Kreisbogenzweiecke („Möndchen") in geradlinig begrenzte Figuren berühmt ist und als erster eine Zusammenstellung der damals bekannten Teile der Geometrie unter dem Titel *Elemente* verfaßt haben soll, ausgiebig die Einschiebung (griech. neusis) als Konstruktionsmittel. Dabei wird eine Strecke gegebener Länge durch Probieren so plaziert, daß ihre Endpunkte auf zwei bereits konstruierten Kurven (meist Geraden oder Kreise) liegen und sie selbst oder ihre geradlinige Verlängerung durch einen gegebenen Punkt geht. Das wohl berühmteste Beispiel für die Anwendung dieses Konstruktionsmittels ist die von Archimedes (287?–212) angegebene Dreiteilung eines beliebigen spitzen Winkels $\alpha$: Man trage auf einem der Schenkel von $\alpha$ die gegebene Strecke $a$ ab, verlängere diesen Schenkel nach rückwärts über den Scheitelpunkt 0 hinaus, schlage um 0 den Kreis $k$ vom Radius $a$ und schiebe die Strecke $a$ so zwischen diesen Kreis $k$ und den rückwärts verlängerten Schenkel ein, daß ihre Verlängerung durch den Schnittpunkt $A$ von $k$ mit dem zweiten Schenkel von $\alpha$ geht. Dann sind (mit den Bezeichnungen von Abb. 2) Dreieck $CBO$ und Dreieck $BOA$ gleichschenklig, folglich $\sphericalangle\,OCB = \sphericalangle\,COB$

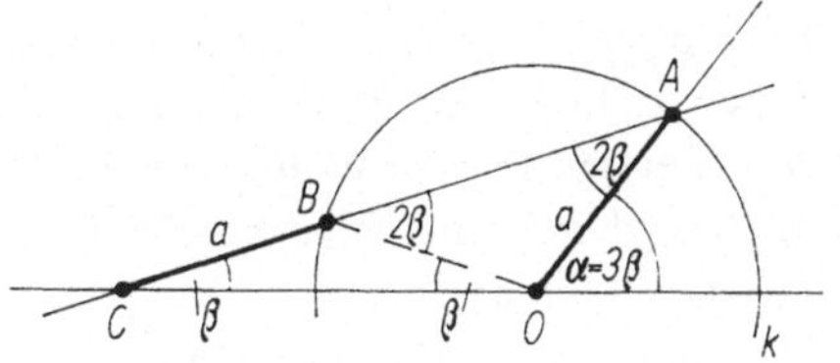


2 Winkeldreiteilung durch Einschiebung nach Archimedes

$(=\beta)$ und $\sphericalangle\,OBA = \sphericalangle\,OAB\ (=2\beta)$, folglich $\alpha = 3\beta$, d. h. $\sphericalangle\,OCB = \dfrac{\alpha}{3}$. Man hat also hier wie in vielen weiteren Fällen eine theoretisch exakte, leicht zu begründende und praktisch überaus bequem realisierbare Lösung einer Konstruktionsaufgabe, von der wir überdies heute wissen, daß sie mit Zirkel und Lineal allein überhaupt nicht exakt lösbar ist. Wir haben die Verwendung der Einschiebung durch Hippokrates und Archimedes erwähnt (auch Apollonios von Perge (um 262–190) soll nach dem Zeugnis des Pappos eine Abhandlung über die Einschiebung verfaßt haben), um damit zu illustrieren, daß die für die *Elemente* des Euklid charakteristische Beschränkung der Konstruktionsmittel auf Zirkel und Lineal weder vor Euklid noch nach ihm jemals eine so dominierende Rolle in der griechischen Geometrie gespielt hat, wie es gerade dadurch den Anschein hat, daß das landläufige Bild von der griechischen Geometrie eben hauptsächlich durch die *Elemente* Euklids geprägt wurde.

Etwa zur gleichen Zeit wie die ionischen Naturphilosophen wirkte in Unteritalien der um 530 v. u. Z. gegründete Geheimbund der Pythagoräer. Sein Begründer Pythagoras ist eine womöglich noch nebelhaftere Gestalt als Euklid. Im Kreise seiner Schüler und Anhänger bildete sich nach seinem Tod (um 500 v. u. Z.) eine Partei der sogenannten Mathematikoi heraus, die vornehmlich die Mathemata, d. h. die systematisch geordneten Lehrgebiete der im übrigen vorwiegend weltanschaulich-philosophisch und politsch ausgerichteten Lehren des Meisters, weiterentwickelten. Diese Mathemata umfaßten Arithmetik, Geometrie, Astronomie und Harmonielehre (Musiktheorie), also jene vier mathematischen Disziplinen, die später als Quadrivium in den mittelalterlichen Lehrbetrieb eingingen und zusammen mit Rhetorik, Grammatik und Dialektik die sogenannten sieben freien Künste bildeten. Kernstück des „mathematischen Weltbildes" des Pythagoras war ursprünglich die aus einigen richtigen Beobachtungen voreilig vorgenommene Schlußfolgerung, die natürlichen Zahlen und deren Verhältnisse seien als alleiniger Schlüssel zum Verständnis der Welt ausreichend. Daraus wurde das Programm abgeleitet, die Eigenschaften der natürlichen Zahlen systematisch zu erforschen, in das jedoch neben bedeutsamen Begriffen und Gesetzen wie Primzahlen, Teilbarkeit usw. auch viel Spekulatives einfloß, das seitdem bis heute ein bescheidenes und praxisfernes Leben in der Zahlentheorie fristet. So gehen die Begriffe der vollkommenen Zahlen (das sind solche, die wie z. B. 6 gleich der Summe ihrer echten Teiler sind) und der befreundeten Zahlenpaare (von denen jede gleich der Summe der echten Teiler der anderen ist) auf die Pythagoräer zurück. Die pythagoräische These „Alles ist Zahl", die erst in unserer Zeit durch Quantenphysik und Computertechnik wieder etwas Auftrieb bekommen hat, erlitt noch zu Lebzeiten des Pythagoras einen krisenhaften Zusammenbruch durch die Entdeckung der Existenz inkommensurabler Streckenpaare, d. h. solcher, deren Längen sich nicht wie ganze Zahlen zueinander verhalten. Als Ausweg wurde von den Pythagoräern eine „geometrische Algebra" geschaffen (dieser Name wurde von dem dän. Mathematikhistoriker H. G. Zeuthen eingeführt), in der Größen als Streckenlängen, Flächeninhalte oder Volumina repräsentiert werden und die arithmetischen Operationen zwischen ihnen durch geometrische Konstruktionen erklärt sind. Das Operieren mit natürlichen Zahlen war hierin eigentlich als nicht besonders zu behandelnder Spezialfall kommensurabler Größen enthalten, wurde aber aus traditionellen Gründen als eigenständige, mit der Geometrie nicht organisch verbundene Disziplin weitergepflegt. Dies alles wird sich in den *Elementen* Euklids widerspiegeln. Über den wirklichen Anteil der Pythagoräer an der voreuklidischen Mathematik waren, teils wegen deren Geheimniskrämerei, teils wegen der damals überhaupt nur mündlichen Tradierung des Wissens, schon zur Zeit des Aristoteles nur Gerüchte bekannt. Da jedoch der Pythagoraskult in der Spätantike nochmals auflebte, wurden dann den Pythagoräern und am liebsten dem Meister selbst zahlreiche mathematische Entdeckungen zugeschrieben, von denen man heute mehr und mehr zu der Ansicht kommt, daß sie zumindest teilweise aus der ionischen Schule und anderen Quellen stammen.

Es ist noch eine Bemerkung über die etwa zur Zeit der Pythagoräer ebenfalls in Unteritalien beheimatete Schule der Eleaten nötig, da verschiedene moderne Autoren (u. a. Á. Szabó) die Ansicht vertreten, die Wendung der Mathematik vom Empirischen und Konkreten, dem sie auch bei den Ioniern und den Pythagoräern noch durchaus verhaftet war, zum Abstrakten sei durch die scharfsinnige Kritik der Eleaten an den aus der Sinneswahrnehmung abstrahierten Begriffen, wie z. B. dem der Bewegung, hervorgerufen oder zumindest wesentlich gefördert worden. Die Paradoxa vom Pfeil (der nicht fliegen kann) und von Achilles und der Schildkröte (die er nicht einholen kann) des Eleaten Zenon (um 450 v. u. Z.) sollten ja zeigen, daß der Begriff der Bewegung widersprüchlich ist, daß es sie also in der Realität nicht geben kann oder daß ihr Wesen mit dem Verstand nicht faßbar ist. In der Schule der Eleaten traten erstmals indirekte Beweise auf, d. h., man zeigt eine Behauptung, indem man ihre als wahr angenommene Verneinung ad absurdum führt. Diese Beweistechnik verlangt, sich zumindest zeitweise einen Sachverhalt vorzustellen, der in Wirklichkeit unmöglich, also erst recht keiner Veranschaulichung fähig ist. Ohne Zweifel hat dies die Schärfe mathematischer Beweise erheblich gefördert. Zugleich soll hier erwähnt werden, daß mit dem Übergang zur Sklavenhalterdemokratie im öffentlichen Leben der Griechen politische und juristische Streitgespräche eine wichtige Rolle zu spielen begannen. Redetalent, geschliffene Beweisführungen erfreuten sich großer öffentlicher Wertschätzung. Dies liefert den gesellschaftlichen Hintergrund für die Anerkennung einer gewissen erzieherischen und allgemeinbildenden Funktion der Mathematik, von der diese profitierte, nachdem sie nicht mehr primär zur Befriedigung praktischer Bedürfnisse diente. Hierin zeigt sich eine wesentliche Wendung der öffentlichen Meinung im Vergleich zu den Zeiten des Thales, der noch wegen seiner wissenschaftlichen Neigungen vom Volk verspottet worden war.

Die erste Periode der griechischen Mathematik, aus der größere zusammenhängende für die Mathematik relevante Texte direkt (d. h. von den Verfassern und nicht von späteren Berichterstattern formuliert) überliefert sind, es ist zugleich die Periode, in der man überhaupt begann, das vorher meist nur mündlich tradierte Wissen schriftlich zu fixieren, ist das 4. Jh. v. u. Z., die Zeit der politischen und kulturellen Vorherrschaft Athens im Bereich der griechischen Staaten. Athen mit seinen Philosophenschulen, der 389 v. u. Z. gegründeten Akademie des Platon, dem Lykeion (latinisiert Lyzeum) des Aristoteles und der „bunten Halle" der Stoiker ist denn auch der Ort der Handlung der eigentlichen Vorgeschichte Euklids und seiner Werke. Es wäre daher notwendig, die Lehrmeinungen der führenden athenischen Philosophen, soweit sie sich auf die Mathematik beziehen, hier umfassend darzulegen. Dies würde aber den Rahmen dieses Büchleins weit überschreiten. Zum Glück können wir den Leser in dieser Frage auf das kürzlich in deutscher Übersetzung erschienene ausgezeichnete Buch [83] von Kedrovskij, außerdem auf die Biographien [93], [79] von Platon und Aristoteles verweisen und uns hier wieder auf eine Skizze beschränken.
Platon maß der Mathematik im System der von ihm propagierten Ausbildung eine hohe Bedeutung bei. Über dem Eingang seiner Akademie soll gestanden haben: Kein der Geometrie Unkundiger möge hier eintreten! Obwohl Platon den praktischen Nutzen der Mathematik nicht gänzlich leugnete, wie häufig grob vereinfachend behauptet wird, sah er ihren Hauptzweck darin, die für die Leitung des ihm vorschwebenden Idealstaates bestimmte Elite einer Art intellektuellen Trainings zu unterwerfen und dabei gleichzeitig zum Schönen und Guten zu erziehen. Er sagte sinngemäß, wer sich erst einmal gründlich mit der Mathematik beschäftigt hätte, würde danach nicht nur besser für die praktischen Erfordernisse einer Leitungsfunktion gerüstet sein, sondern auch keinen Geschmack mehr an der Machtausübung und an seichten Genüssen finden. Er würde stets danach streben, wieder zu den klaren sauberen Begriffen und Problemen der Mathematik zurückzukehren, und das ihm anvertraute Amt nicht für persönliche Zwecke mißbrauchen, sondern im Interesse der Allgemeinheit und nur aus Einsicht in die Notwendigkeit übernehmen [109, S. 312 ff.]. Von solchen Zielvorstellungen aus-

gehend, forderte Platon, die Mathematik von allem Handwerksmäßigen, vordergründig auf praktischen Nutzen Gerichteten zu befreien. Insbesondere forderte er, geometrische Konstruktionsaufgaben unter alleiniger Verwendung von Zirkel und Lineal (bzw. von Geraden und Kreisen als Hilfslinien) zu lösen, weil nur die dabei auftretenden Kurven durch ihre Regelmäßigkeit (modern gesprochen: durch ihre konstante Krümmung) den hohen Ansprüchen an die Harmonie und Ästhetik genügten, denen die Mathematik im Sinne des Platonschen Erziehungszieles zu genügen hat, während Lösungsmittel von der Art der Einschiebung mechanische Bewegung erfordern und daher die Mathematik wieder mit der „niederen" materiellen Realität verknüpfen. Er schrieb vor, Konstruktionsaufgaben in der seither üblichen Weise (Aufgabe, Analysis, Konstruktionsbeschreibung, Beweis der Richtigkeit der Konstruktion, Determination der Lösbarkeitsbedingungen und der Anzahl der Lösungen) zu behandeln und wies auf die gegenüber der Planimetrie damals noch kaum entwickelte Stereometrie als wichtigen Forschungsgegenstand hin. (An dem von Platon hier kritisierten Mißverhältnis hat sich im Grunde bis heute nichts Entscheidendes geändert.) Abgesehen von diesen Anregungen und methodischen Hinweisen ist kein direkter Beitrag Platons zur Mathematik nachweisbar. Auch sein Einfluß auf die Gesamtheit der folgenden Mathematikergenerationen ist in der Neuzeit oft stark übertrieben worden. Demgegenüber schreibt O. Neugebauer:

Es scheint mir offensichtlich, daß Plato's Rolle stark übertrieben worden ist. Sein eigener direkter Beitrag zum mathematischen Wissen ist offenbar gleich null gewesen. Daß im Verlaufe einer kurzen Zeit Mathematiker solchen Ranges wie Eudoxos zu seinem Kreis gehörten, ist kein Beweis für den Einfluß Platons auf die mathematische Forschung. Der ausschließlich elementare Charakter der Beispiele mathematischer Überlegungen, die von Platon und Aristoteles angeführt werden, erhärtet nicht die Hypothese, daß Theaitet oder Eudoxos irgend etwas bei Platon erlernt hätten. (Deutsche Übersetzung zit. nach [83, S. 57].)

Damit sind die Namen zweier bedeutender Vorläufer Euklids genannt, die beide in Beziehung zu Platon und seiner Schule standen. Die uns hier interessierenden Leistungen des auch als Astronom, Geograph und Arzt bedeutenden Eudoxos von Knidos (um 408–355) bestehen in der Schaffung einer Proportionentheorie für den allgemeinen Größenbegriff der geometrischen Algebra und der sogenannten Exhaustionsmethode zum Beweis von Volumenformeln für krummflächig begrenzte Körper.

Zwei gleichartige Größen $a$, $b$, von denen man hier nur voraussetzen muß, daß für sie irgendeine Addition definiert ist und daß sie der Größe nach vergleichbar sind (beides trifft u. a. für Längen, Flächeninhalte und Volumina zu), seien kommensurabel, wenn es eine „Maßeinheit" $e$ der gleichen Art wie $a$, $b$ gibt, so daß

$$a = \underbrace{e + e + \ldots + e}_{m\text{-mal}} \quad (\text{kurz: } a = m \cdot e) \text{ und } b = n \cdot e$$

für gewisse natürliche Zahlen $m$, $n$ gilt. In diesem Fall ist es naheliegend, den Größen $a$, $b$ das rationale Verhältnis $\frac{a}{b} = \frac{m}{n}$ zuzuordnen. Für inkommensurable Größen ist eine solche Erklärung nicht möglich. Es ist aber sinnvoll zu sagen, daß $\frac{a}{b}$, was immer das sein mag, kleiner als $\frac{m}{n}$ ist, wenn für die bei Teilung von $b$ in $n$ gleiche Teile $e$ (also $b = n \cdot e$) $a < m \cdot e$ gilt. Dies ist gleichbedeutend mit

$$n \cdot a < n \cdot (m \cdot e) = nm \cdot e = m \cdot (n \cdot e) = m \cdot b \,.$$

Damit haben wir unter sehr einfachen begrifflichen Voraussetzungen die mögliche Definition

$$\frac{a}{b} < \frac{m}{n} \xleftrightarrow[\text{Def}]{} n \cdot a < m \cdot b$$

begründet. Analog erhält man $\frac{m}{n} < \frac{a}{b} \xleftrightarrow[\text{Def}]{} m \cdot b < n \cdot a$. Die geniale Idee des Eudoxos bestand nun darin, unter Vermeidung einer expliziten Definition des Verhältnisbegriffes die Gleichheit zweier Verhältnisse $\frac{a}{b}$, $\frac{c}{d}$ (wobei nur $a$ von gleicher Art wie $b$ und $c$ von gleicher Art wie $d$ sein muß[1]) als eine vierstellige Rela-

---

[1] Es ist sehr wichtig, die Voraussetzung so schwach formulieren zu können, damit auch solche Aussagen sinnvoll werden wie z. B.: Strecken $a$, $b$ verhalten sich wie ganze Zahlen $m$, $n$; Dreiecke mit gleicher Höhe verhalten sich wie ihre Grundseiten.

tion Proportion (griech. analogon) zwischen $a$, $b$, $c$, $d$ wie folgt
zu definieren:

$$\frac{a}{b}=\frac{c}{d} \xleftrightarrow{\text{Def}} \text{Für alle natürlichen Zahlen } m, n \text{ ist}$$

$$m \cdot b < n \cdot a, \quad \text{wenn} \quad m \cdot d < n \cdot c, \quad \text{(Man vergleiche dies}$$
$$m \cdot b = n \cdot a, \quad \text{wenn} \quad m \cdot d = n \cdot c, \quad \text{mit Euklids } \textit{Elemente},$$
$$n \cdot a < m \cdot b, \quad \text{wenn} \quad n \cdot c < m \cdot d, \quad \text{Buch V, Definition 5.)}$$

mit anderen Worten $\frac{a}{b}=\frac{c}{d}$, wenn, modern gesprochen, beide
Verhältnisse die gleichen oberen und unteren rationalen Nähe-
rungswerte besitzen. Die auf diese Definition gegründete Proportionentheorie des Eudoxos, die allen modernen Ansprüchen an
mathematische Strenge genügt, wurde von Euklid in abgerun-
deter Form in Buch V seiner *Elemente* dargestellt. D. H. Fowler
hat neuerdings in einer Reihe von Arbeiten ([54] bis [57]) seine
Hypothese plausibel gemacht, daß durch die elegante und für die
Bedürfnisse der deduktiven Geometrie ausreichende Propor-
tionsdefinition des Eudoxos eine ältere Vorstellung verdrängt
wurde, die auf einem direkten Begriff des Verhältnisses (griech.
logos) zweier Größen *a, b* beruhte und dieses Verhältnis als den
mathematisch wahrscheinlich nicht völlig präzisierten Prozeß des
approximativen Ausmessens verstand, der sich bei der Anwendung
des Verfahrens der Wechselwegnahme (dem später so genannten
euklidischen Algorithmus) auf die Größen $a$ und $b$ ergibt und
etwa durch die Folge der sich hierbei ergebenden natürlichen
Zahlkoeffizienten verschlüsselt werden könnte, die im wesentlichen nichts anderes ist als die Kettenbruchentwicklung der
im allgemeinen „irrationalen Zahl" $\frac{a}{b}$ :

$$a = n_1 \cdot b + r_1 \text{ mit } r_1 < b, \quad \text{folglich} \quad \frac{a}{b} = n_1 + \frac{r_1}{b}$$

$$b = n_2 \cdot r_1 + r_2 \text{ mit } r_2 < r_1, \quad \text{folglich} \quad \frac{a}{b} = n_1 + \frac{r_1}{n_2 r_1 + r_2}$$

$$= n_1 + \cfrac{1}{n_2 + \cfrac{r_2}{r_1}} ,$$

usw.

In der Tat finden sich bei Euklid Spuren dieser älteren, mehr praktischen und prozeßorientierten Auffassung des Verhältnisbegriffs.

Nach der Aussage von Archimedes war ferner Eudoxos der erste, der exakte Beweise für die zuerst von Demokrit von Abdera (460–371) durch atomistisch-heuristische Überlegungen gefundenen Sätze gab, wonach das Volumen einer Pyramide bzw. eines Kreiskegels ein Drittel des Volumens des über der gleichen Grundfläche mit der gleichen Höhe errichteten Prismas bzw. Zylinders ist. Diese Sätze gingen in Buch XII der *Elemente* Euklids ein. Die Methode ihres indirekten Beweises (man zeigt, daß die beiden Annahmen, das Volumen sei kleiner oder größer als der behauptete Wert, auf Widersprüche führen) wurde später wenig glücklich als Exhaustionsmethode (Exhaustion svw. Ausschöpfung) bezeichnet, obwohl diese Bezeichnung viel eher auf die heuristische Methode des Demokrit zutrifft, der die zu berechnenden Körper von innen durch einen Körper aus vielen dünnen Scheibchen annähert (ausschöpft). Man muß dazu bemerken, daß die Eudoxische Beweismethode erst anwendbar wird, wenn man die richtige Volumenformel schon kennt, während die auf einer materialistischen Auffassung der geometrischen Körper beruhende Methode Demokrits derartige Formeln zu finden gestattet. Archimedes hat dieses Verdienst Demokrits ausdrücklich hervorgehoben.

Von Theaitetos (um 417–368), der Platon wahrscheinlich näher gestanden hat als Eudoxos und dessen Schüler (Platon widmete Theaitetos einen seiner berühmten Dialoge) sind in die *Elemente* aufgenommen worden: in Buch X seine komplizierte Klassifikationstheorie derjenigen Streckenlängen, die sich mit Zirkel und Lineal konstruieren lassen, sowie in Buch XIII die Konstruktion der fünf regulären Polyeder (Abb. 3) mit Zirkel und Lineal in einer solchen Weise, daß sie einer Kugel von gegebenem Radius einbeschrieben sind. Zwei dieser Polyeder, nämlich das Oktaeder und das Ikosaeder, waren wahrscheinlich erst von Theaitetos gefunden worden, wohl auch der ziemlich triviale Beweis, daß es außer diesen fünf keine weiteren regulären Polyeder gibt, mit dem Buch XIII endet. Platon gab diesen fünf Polyedern, die er wohl wegen ihrer Regelmäßigkeit liebte, in seinem Weltbild einen wichtigen Platz. Er entwickelte im Dialog *Timaios* die stillschwei-

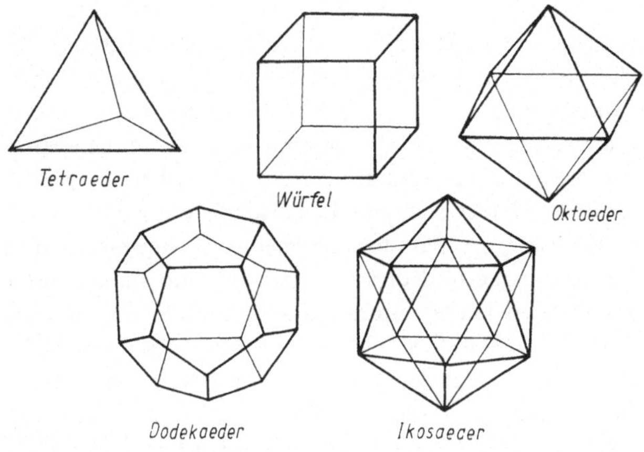


3 Die fünf regulären Polyeder

gend von seinem philosophischen Gegenspieler Demokrit (dessen
Namen er nie erwähnte) übernommene Lehre vom Aufbau aller
Materie aus unteilbaren Bausteinen – Atomen – dahingehend
weiter, daß die unterschiedliche Qualität der vier von den Griechen unterschiedenen „Elemente" [2] auf unterschiedlichen Formen
der Atome beruhen sollte, und zwar wie folgt: Feuer: Tetraeder;
Luft: Oktaeder; Wasser: Ikosaeder; Erde: Würfel. Da somit ein
Polyeder ohne Funktion blieb (man könnte boshaft sagen, daß
dem Platon bei aller Anstrengung kein fünfter Aggregatzustand
einfiel, während andererseits an der Existenz von genau fünf
regulären Polyedern nicht zu rütteln war), wurde dem Universum
die Gestalt des Dodekaeders zugeschrieben. Diese wilde Speku-
lation, die trotz allem im Kern progressiv war, weil sie sich um
eine natürliche Erklärung der Welt bemühte, illustriert die Art,
wie unter Platons Regime Naturwissenschaft betrieben wurde.
Natur- und überhaupt „Sach"-wissenschaft in den Grenzen der
antiken Möglichkeiten wurde in der Schule des Aristoteles betrieben, die übrigens erst 318 v. u.Z., vier Jahre nach seinem
Tode, als reguläre Institution begründet wurde. Aristoteles, der
große Systematiker, Methodiker und Enzyklopädist der griechi-

---

[2] Der antike Terminus Elemente ist hier etwa im Sinn des modernen Begriffs
Aggregatzustand zu verstehen, also als qualitativ unterschiedliche Existenz-
weisen der Materie.

schen Wissenschaft, hat sich kaum mit der eigentlichen Mathematik (vgl. das Neugebauer-Zitat S. 15), jedoch ausführlich mit der Methodologie der deduktiven (beweisenden) Wissenschaften beschäftigt. In diesem und nur in diesem Zusammenhang griff er häufig auf elementare mathematische Beispiele zur Erläuterung allgemeiner wissenschaftstheoretischer Begriffe und Sachverhalte zurück. Nach ihm gründet sich jede beweisende Wissenschaft auf Grundsätze, die wahr, primär und unvermittelt, bekannter und früher als die Folgesätze und deren „Ursache" und voneinander unabhängig sein sollen. Dabei unterscheidet er zwischen Axiomen, welche allgemeiner Art sind, z. B. Aussagen über den Größenbegriff formulieren, und fachspezifischen Postulaten. An anderer Stelle sagt er sinngemäß, Postulate könnten von dem Schöpfer einer Theorie willkürlich gesetzt werden. Sie seien Voraussetzungen, welche der Meinung des Lernenden widerstreiten oder solche, die man, obschon sie sich beweisen lassen, ohne Beweis annimmt. In seinen mathematischen Beispielen greift er mehrfach auf den Satz über die Winkelsumme im Dreieck als eines scheinbar nicht von vornherein denknotwendigen Sachverhalts zurück. An anderer Stelle kritisiert er die Auffassung der Parallelen als Geraden konstanten Abstands und deutet einen logischen Zirkelschluß in der zeitgenössischen Auffassung der Parallelität an. Namhafte Mathematikhistoriker haben daraus den Schluß gezogen, Euklid habe mit der Formulierung seines berühmten Parallelenpostulats die Klärung eines in der aristotelischen Schule diskutierten Problemkreises vollzogen. Viel weiter geht I. Toth, der in einer Serie von Arbeiten die These vertritt, die athenischen Gelehrten hätten die logische Möglichkeit einer nichteuklidischen Geometrie erkannt, und Euklid habe sich mit seinem Postulat bewußt und willkürlich für eine von zwei logisch gleichberechtigten geometrischen Theorien entschieden.

# Alexandria, das Museion, Euklid

Nach der Ermordung des Königs Philipp II. von Makedonien im
Jahre 336 v. u. Z. übernahm sein erst zwanzigjähriger Sohn
Alexander III., der später den Beinamen der Große erhielt, die
Herrschaft und eroberte in weniger als 10 Jahren ein riesiges
Territorium (Abb. 4). Alexander, der zeitweise von Aristoteles

4 Das Reich Alexanders des Großen und die Diadochenreiche im 4. Jh.
v. u. Z. [Atlas zur Geschichte, Bd. 1, Gotha 1976]

erzogen worden war, erstrebte ein nach rationalen Prinzipien
geleitetes Weltreich, in dem eine Aussöhnung und Verschmelzung
des Griechentums mit den orientalischen Kulturen stattfinden
sollte. Schon 332 war er mit seinem Heer nach Ägypten vorge-
stoßen und hatte dort, wie auch an mehreren anderen Stellen, zur
Festigung seiner Herrschaft die Gründung einer neuen, nach ihm
benannten Stadt befohlen. Von allen „Alexanderstädten" sollte
aber nur das ägyptische, in der Nähe des Nildeltas auf einer schma-

len Landbrücke gelegene Alexandria aufblühen und Welt-
geltung erlangen. Es wurde nach einem Plan des Architekten
Deinokrates von Rhodos in den Jahren 332/30 nach damals
modernsten Gesichtspunkten erbaut. Dabei standen die Erfahrungen Pate, die die Griechen schon seit Jahrhunderten in der An-
legung von Pflanzstädten gesammelt hatten: breite, einander
rechtwinklig kreuzende Straßen, deren Hauptrichtung die vorherrschende Windrichtung vom Meer her berücksichtigte, um
dessen Kühlwirkung zu nutzen, große, kunstvoll gepflasterte
Plätze, umsäumt von repräsentativen öffentlichen Bauten (Abb. 5).

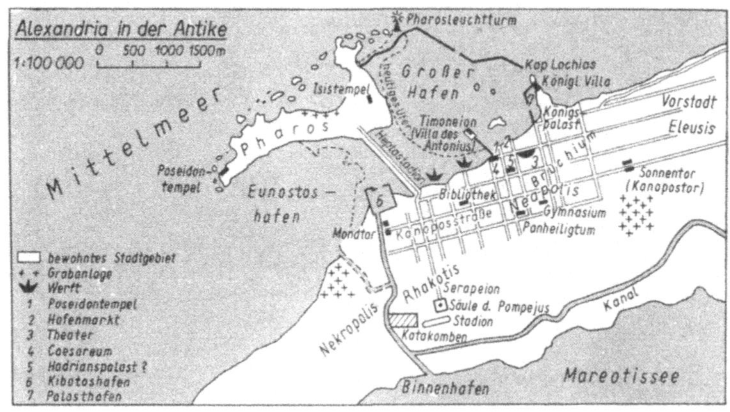


5  Alexandria in der Antike [Atlas zur Geschichte, Bd. 1, Gotha 1976]

Als ein Symbol für die technische Leistungsfähigkeit der Erbauer
Alexandrias kann der berühmte, in der Antike zu den sieben
Weltwundern gezählte „Leuchtturm" auf der Insel Pharos vor dem
Hafen Alexandrias dienen, der zwischen 300 und 280 v. u. Z. von
Sostratos von Knidos errichtet wurde. Er war etwa 110 m hoch
und gilt als der erste freistehende Turmbau der Antike. Die
übliche Bezeichnung als Leuchtturm ist freilich insofern irre-
führend, als die Schiffahrt, der er als weithin sichtbares Orien-
tierungszeichen dienen sollte, zur Zeit seiner Erbauung nur bei
Tag üblich war. Erst im 1. Jh. u. Z. wurde nachträglich ein
Leuchtfeuer eingebaut, das nach einigen Berichten sogar durch
große Hohlspiegel gerichtet gewesen sein soll. Der „Pharos", wie
man den Turm kurz nannte, bestand bis zum Anfang des 14. Jh.,

22

6  Der Pharos von Alexandria nach einer Rekonstruktion von A. Thiersch 1909 [147]

wo er durch mehrere Erdbeben zerstört wurde. Seine Form (Abb. 6) diente vielen späteren Türmen als Vorbild. [147]
Als Alexander 323 v. u. Z. im Alter von 33 Jahren in Babylon starb, zerfiel sein riesiges Reich in zahlreiche Diadochenstaaten (Diadochos svw. Nachfolger), in die sich seine Feldherren und sonstigen nächsten Vertrauten teilten. Von diesen Staaten, die sich bald gegenseitig zu befehden begannen, erwiesen sich nur das von Seleukos in Mesopotamien und das von Ptolemaios (latinisiert Ptolemäus) in Ägypten errichtete Reich als von Dauer und Bedeutung. Ptolemaios I., ein illegitimer Halbbruder Alexanders, der später den Beinamen Soter (der „Retter") erhielt, war einer derjenigen Feldherren Alexanders, die sich nach dessen Tod am eifrigsten für eine vollständige Reichsteilung einsetzten, obwohl ein Erbe vorhanden war. Obgleich er zunächst formal nur Satrap (d. h. Statthalter) von Ägypten war, blieb von Anfang an kein Zweifel, daß er die Gründung einer eigenen Dynastie bezweckte. Ab 305 v. u. Z. ließ er sich König nennen. 285 übergab er das Reich, das auch Teile des heutigen Libyen und Israels umfaßte, an seinen Sohn Ptolemaios II. Auf ihn folgte 246 v. u. Z. Ptolemaios III. Euergetes (der „Wohltäter"). Die Ptolemäer

setzten die Politik Alexanders insofern fort, als sie sich intensiv um die Verschmelzung der griechisch-makedonischen Fremdherrschaft mit den einheimischen Sitten und Traditionen bemühten. Fortan wurden griechische Gottheiten gleichrangig neben ägyptischen verehrt. In das Hofzeremoniell flossen so viele ägyptische Elemente ein, daß das Ptolemäerreich nach außen ägyptischer wirkte als alle vorhergehenden ägyptischen Reiche. Insbesondere heiratete schon Ptolemaios II. nach dem Vorbild der Pharaonen seine leibliche Schwester Arsinoë, was ihm unter den Griechen den Beinamen Philadelphos (Liebhaber der Schwester) eintrug. Die Sitte der Verwandtenehe wurde bis zum Ende der Ptolemäerdynastie beibehalten.

Alexandria entwickelte sich unter der Herrschaft der Ptolemäer rasch zum neuen Mittelpunkt der antiken Welt und behielt seine Funktion als geistig-kulturelles Zentrum sogar noch über das Ende des Ptolemäerreiches (30 v. u. Z.) hinaus, als nach dem Tode Kleopatras, der letzten ptolemäischen Königin, Ägypten eine römische Provinz wurde. Bereits 75 Jahre nach der Gründung hatte Alexandria rund 800000 Einwohner, um das Jahr 1 waren es über eine Million, darunter viele Juden, Syrer und Angehörige anderer Völker, die jeweils in bestimmten Stadtvierteln konzentriert lebten.

Bereits unter Ptolemaios I. wurde in Alexandria das Museion gegründet, aus heutiger Sicht ein Zwischending zwischen Universität und Akademie, eine wissenschaftliche Einrichtung, die sowohl der Forschung und Lehre als auch der Repräsentation der Herrscher diente. Das Museion verfügte über Hörsäle, Arbeitsräume, Speisesäle, Gästezimmer, eine Sternwarte, einen botanischen und einen zoologischen Garten, vor allem aber über eine riesige Bibliothek (von Papyrusrollen). Dort wurde das gesamte wissenschaftliche und schöngeistige Schrifttum der damals bekannten Welt gesammelt, kritisch ausgewertet und später auch vermutlich in größerem Umfang zu kommerziellen Zwecken kopiert. Der detaillierte Plan zur Errichtung des Museions und vielleicht sogar der Rat zu seiner Gründung geht auf den athenischen Staatsmann und Gelehrten Demetrios von Phaleron zurück, der bis zu seiner Vertreibung im Jahre 307 v. u. Z. als eine Art ptolemäischer Geschäftsträger in Athen gewirkt hatte und danach eine Zuflucht als politischer Berater und Vertrauter am Hofe der Ptolemäer fand.

Dementsprechend dienten die Akademie des Platon und das Lykeion des Aristoteles als Vorbilder für das Museion, es kann aber als sicher gelten, daß am Museion neben dem philosophisch orientierten Bildungsideal der athenischen Gelehrtenschulen unter orientalischem Einfluß auch viel empirisches und mystisches Bildungsgut gepflegt wurde. Über einen Zeitraum von rund 300 Jahren und teilweise noch darüber hinaus haben alle bedeutenden Gelehrten der Antike am Museion gewirkt oder sich zumindest zeitweise dort aufgehalten oder brieflichen Kontakt mit den Gelehrten des Museions gepflegt. So kann man das Museion als das Zentrum derjenigen um 300 v. u. Z. einsetzenden Periode der antiken Wissenschaft bezeichnen, die die hellenistische oder auch die alexandrinische genannt wird und durch die innige Verschmelzung von griechischen und orientalischen Traditionen gekennzeichnet ist.

Von Euklid (eigentlich Eukleides, was aber als Euklīd mit langem i zu sprechen ist) ist, wie schon im Vorwort bemerkt wurde, nicht eine einzige sicher belegbare Tatsache bekannt. Gelegentlich wurde sogar bezweifelt, daß er überhaupt existiert hat. So stellte der französische Mathematikhistoriker J. Itard 1961 die Hypothese zur Diskussion, Euklid sei ähnlich wie in unserem Jh. Bourbaki[3] das gemeinsame Pseudonym einer Gruppe von alexandrinischen Mathematikern gewesen. Allgemein wird jedoch angenommen, Euklid sei in der Phase der Gründung des Museions oder kurz danach als reifer und bereits berühmter Mathematiker dorthin berufen worden, um als erster Lehrer der mathematischen Disziplinen am Museion zu wirken bzw. eine entsprechende „Abteilung" des Museions überhaupt erst aufzubauen. Da dies vermutlich auf Empfehlung des Demetrios von Phaleron geschah, ist anzunehmen, daß Euklid aus Athen kam, was allerdings noch nichts über seine völlig im dunklen liegende Herkunft und Nationalität aussagt. Die These, daß Euklid aus einer der beiden großen athenischen Philosophenschulen oder aus beiden hervorging, wird sehr stark durch sein Werk gestützt, das überall Spuren sowohl der

---

[3] Gemeinsames Pseudonym (nach dem französischen General Nicolas Bourbaki) einer Gruppe von französischen und amerikanischen Mathematikern, die seit 1939 eine vielbändige Darstellung grundlegender mathematischer Disziplinen vom abstrakt-strukturtheoretischen Standpunkt veröffentlichen.

platonischen Philosophie als auch der aristotelischen Methodologie trägt und überdies eine enge Vertrautheit des Verfassers mit den Theorien von Eudoxos und Theaitetos beweist. Aus allen beschriebenen Umständen geht daher hervor, daß Euklid wahrscheinlich zwischen 360 und 280 v. u. Z. gelebt hat und daß seine Werke vermutlich um 300 v. u. Z. entstanden sind. Am Rande sei bemerkt, daß diejenigen Historiker, die Euklid gern als getreuen Anhänger Platons darstellen möchten, eine Tendenz zeigen, seine Lebenszeit möglichst früh anzunehmen, da dies die Wahrscheinlichkeit ihrer Version erhöht. Andererseits findet man z. B. bei dem Mathematiker Efimow ohne Begründung die abweichend späten Lebensdaten etwa 330 bis 275 v. u. Z., die immerhin noch mit den uns bekannten Umständen verträglich sind. Überhaupt ist leider festzustellen, daß das Fehlen von Fakten für viele Autoren ein Freibrief ist, Mutmaßungen zu äußern, ohne sie deutlich als solche zu kennzeichnen. Z. B. schreibt E. Stamatis in [129]:

Allem Anschein nach war Euklid Rektor der Universität Alexandria, wenn wir seinen Titel in der heutigen Ausdrucksweise wiedergeben wollen.

Hingegen behauptet H. Wußing ([166, S. 25]):

Sicherlich hat Euklid in irgendeiner Form mit dem Museion und dessen Bibliothek in Verbindung gestanden, wie es scheint, jedoch nicht in einer offiziellen Stellung. Andernfalls würden wir darüber von Seiten der Hofhaltung der Ptolemäerkönige mit großer Wahrscheinlichkeit Dokumente besitzen.

(Dazu später.) Es ist jedoch durchaus möglich, daß Euklid selbst niemals in Alexandria war oder daß er die *Elemente* bereits als fertiges Werk dorthin mitbrachte oder daß er zum Zeitpunkt der Gründung des Museions bereits tot war ...
Lange Zeit ist Euklid mit dem athenischen Philosophen Euklid von Megara identifiziert worden, der um 450 bis um 380 v. u. Z. lebte, wie Platon ein Schüler des Sokrates war und später eine eigene Richtung begründete, in der sokratische und sophistische Lehren in eklektischer Weise vermischt waren. Diese Identifizierung findet sich schon im 1. Jh. u. Z. bei dem römischen Schriftsteller Valerius Maximus und wurde erstmals wieder 1572 von dem Euklidübersetzer und -bearbeiter Commandino zurückgewiesen. Sie verträgt sich sehr schlecht mit den Lebenszeiten von Eudoxos und Theaitetos, deren Leistungen ja in die *Elemente*

Euklids einflossen, läßt sich aber auch nicht mit letzter Sicherheit widerlegen, da auch von Euklid von Megara zu wenige sichere Fakten bekannt sind. Neuerdings hat sich in M. E. Paiow wieder ein streitbarer, aber wenig überzeugender Anhänger der Hypothese Euklid gleich Euklid von Megara gefunden. [106] Dies nur zur Illustration der Literatursituation.

Alle uns überlieferten Nachrichten über die Person des Euklid stammen von spätantiken oder islamischen Schriftstellern. Sie sind anekdotenhaft und stark durch die jeweilige ideologische Position der Berichterstatter geprägt. Dennoch sollen sie der Vollständigkeit halber hier wiedergegeben werden. Der Mathematiker Pappos beschreibt um 320 u. Z. Euklid in der Einleitung zum VII. Buch seiner berühmten Enzyklopädie (griech. synagoge, lat. collectio) als „sanft, bescheiden und voll Wohlwollen gegen jeden, der die Mathematik zu fördern imstande war". Er sei absichtlich hinter seinem Werk zurückgetreten und habe an den überkommenen Theorien so wenig wie möglich geändert. Mit dieser Beschreibung hat Pappos möglicherweise sich selbst lobend charakterisieren wollen. Wahr an ihr ist nach heutigem Wissen, daß Euklid in seinem Hauptwerk, den *Elementen*, ganze Kapitel nach Inhalt und Stil von früheren Mathematikern übernommen hat, so daß philologische Untersuchungen des Textes Hinweise zu ihrer Herkunft geben konnten. Außerdem führte diese Methode Euklids gelegentlich zu Wiederholungen und anderen Unstimmigkeiten im Gesamtaufbau. Über den dennoch unverkennbar eigenen wissenschaftlichen Stil Euklids, der in der neueren Literatur oft zugunsten einer angeblich rein pädagogisch-kompilatorischen Leistung heruntergespielt wird, wird noch zu sprechen sein.

Der makedonische Schriftsteller Joannes Stobaios schrieb im 5. Jh. die berühmte Anekdote nieder, wonach ein Student des Euklid diesen, nachdem er den ersten Satz der *Elemente* gelernt hatte, sogleich nach dem Nutzen gefragt habe. Euklid habe daraufhin einem seiner Sklaven befohlen, diesem Studenten eine kleine Geldsumme auszuhändigen, da er offenbar bedürftig sei, wenn er so dringlich nach dem Nutzen frage. Diese Geschichte ist von vielen Autoren der Neuzeit geradezu genüßlich ausgeschlachtet worden, um die – je nach der ideologischen Position des jeweiligen Autors – verwerflich oder lobenswert platonistische, an praktischen Anwendungen der Wissenschaft uninteressierte Haltung

Euklids zu charakterisieren. Abgesehen davon, daß diese Anekdote ebenso wie alle anderen Nachrichten über Euklid völlig unverbürgt ist, läßt sie mancherlei Interpretation zu. Natürlich hat der Student im Prinzip recht, nach dem praktischen Nutzen der Mathematik zu fragen. Es ist jedoch seiner Unerfahrenheit zuzuschreiben, daß er einen sofortigen Nutzen erwartet. Daß nichttriviale Anwendungen der Mathematik sich in der Regel erst nach gründlicher Bekanntschaft mit ihr, auf einem häufig sehr komplizierten und indirekten Weg und in manchmal unvermuteten Zusammenhängen ergeben, könnte auch Euklid in den Grenzen der damaligen Wissenschaft schon gewußt oder geahnt haben. Seine Antwort könnte ebensogut eine sarkastische Zurechtweisung des vorwitzigen, vielleicht sogar bewußt provozierenden Fragers sein wie auch die Annahme einer tatsächlichen materiellen Bedürftigkeit des Studenten. Wir wissen ja nichts über den sozialen Status der Lernenden des Museions. Es stimmt zwar, daß die *Elemente* im wesentlichen der reinen Mathematik gewidmet sind, das Gesamtspektrum seiner Schriften, das vermutlich mit dem Spektrum seiner Lehrtätigkeit am Museion übereinstimmt, weist Euklid jedoch als Kenner und aktiven Förderer auch aller derjenigen mathematischen Disziplinen aus, die aus damaliger Sicht als angewandte Mathematik gelten müssen.

Proklus Diadochus, dessen zwielichtige Rolle in der Geschichte der Euklidrezeption noch zu diskutieren sein wird, berichtet im 5. Jh. in seinem weitschweifigen Kommentar zum ersten Buch der *Elemente* die zweite berühmte Anekdote über Euklid: Ptolemaios habe ihn einmal gefragt, ob es nicht für die Geometrie einen kürzeren Weg gebe als die Lehre der *Elemente*. Er antwortete, es führe kein königlicher Weg [kein besonderer Weg für Könige] zur Geometrie. [16, S. 213/14] Die gleiche Geschichte berichtet übrigens Stobaios über Alexander den Großen und den Mathematiker Menaichmos (den Entdecker der Kegelschnitte). Man könnte daraus ein weiteres Mal auf die Fragwürdigkeit aller unserer Quellen schließen, aber es ist natürlich auch denkbar, daß Euklid, dem das Vorkommnis zwischen Alexander und Menaichmos bekannt gewesen sein könnte, auf eine analoge Frage seines Herrschers eine analoge Antwort, vielleicht sogar unter Hinweis auf den Vorgänger, gegeben hat.

Einige islamische Autoren berichten weitere Einzelheiten aus dem Leben des Euklid, die aber, wie wir sehen werden, mit noch höherer Wahrscheinlichkeit ins Reich der Fabel zu verweisen sind. Zum Beispiel behauptete der sehr einflußreiche al-Kindi im 9. Jh. in einer Schrift *Über die Ziele des Buches von Euklid*, die *Elemente* seien ursprünglich von einem gewissen Apollonios aus verschiedenen Quellen zu einem 15 Bücher umfassenden Werk zusammengestellt worden. Der König von Alexandria habe davon gehört und einen Mann namens Euklid damit beauftragt, dieses Werk für Unterrichtszwecke zu bearbeiten. Danach sei es dem Euklid zugeschrieben worden, der jedoch nur 13 von den 15 Büchern zur Verfügung hatte. Später habe Hypsikles, ein Schüler des Euklid, die fehlenden zwei Bücher des Apollonios aufgefunden und dem König gebracht. Sie seien dann den 13 von Euklid schon bearbeiteten Büchern hinzugefügt worden. Wie wir später bei der Besprechung der von anderen Autoren nachträglich den *Elementen* hinzugefügten „unechten" Bücher XIV und XV der *Elemente* sehen werden, ist dies nichts anderes als eine phantasievoll ausgeschmückte Mißinterpretation des Vorwortes von Buch XIV.

Im 10. Jh. schrieb der islamische Gelehrte Ibn Ja'qub an-Nadim in seinem enzyklopädischen Werk *Fihrist*:

Euklid, der Geometer und Zimmermann, aus Tyrus [war] der Sohn des Naukrates, des Sohnes des Bereneikes . . . Er war ein Weiser der alten Zeit, ein Grieche von Nationalität, ein Syrer dem Heimatlande nach und ein Tyrer nach der Vaterstadt, dem Gewerbe nach ein Zimmermann . . . [123, S. 84 f.]

Man darf wohl fragen, woher ein Zimmermann aus Tyrus die erst kurz zuvor entstandenen hochgezüchteten Theorien des Eudoxos und des Theaitetos hätte kennen sollen. Den islamischen Gelehrten ist dies wahrscheinlich nicht so unglaubhaft erschienen wie uns, denn viele von ihnen waren selbst aus dem Handwerkerstand hervorgegangen.[4]

---

[4] Zum Beispiel wird von Muhammad ibn Abd al-Karim al-Harithi (gest. um 1202) berichtet, daß er in seiner Jugend Tischler und Steinmetz war und eines Tages beschloß, Euklids *Elemente* durchzuarbeiten, in der Hoffnung, sich dadurch in seinem Handwerk zu vervollkommnen. Nachdem er durch das Opfer von täglich einigen Stunden Schlaf sein Ziel erreicht hatte, wandte er sich dem Almagest des Ptolemaios zu, nun aber schon aus reinem Interesse. Er erlangte schließlich öffentliche Anerkennung als Gelehrter und erhielt den Beinamen al-Muhandisi, der Geometer [134, S. 129 f.].

Mindestens ebenso bedauerlich wie unsere Unkenntnis biographischer Fakten über Euklid ist es, daß wir über die Art und Weise des wissenschaftlichen Lebens am Museion in dessen Entstehungszeit kaum etwas wissen. Gab es „Vorlesungen", „Seminare", oder wurde das Wissen vorwiegend im Selbststudium angeeignet? Wir wissen nur, daß die Produkte der griechischen Wissenschaft und Literatur bis zum Beginn des 4. Jh. v. u. Z. fast ausschließlich mündlich vermittelt wurden. Noch von Sokrates gibt es kein schriftliches Werk, und Platon läßt an mehreren Stellen seiner Dialoge seine Vorliebe für das nicht schriftlich Fixierte durchblicken. Die gesamte frühgriechische Mathematik ist nach Inhalt, Begriffsapparat und Terminologie auf eine verbale Vermittlung ausgerichtet. Zur Zeit Euklids war die griechische Schriftsprache noch sehr unentwickelt und mühsam zu handhaben. Es gab nur Großbuchstaben, keine Satzzeichen und keine Wortzwischenräume. Die „moderne" altgriechische Schrift hat sich erst im 8. u. 9. Jh. im byzantinischen Reich herausgebildet (und aus dieser Zeit stammen auch die ältesten vollständigen Manuskripte der *Elemente* und der anderen Schriften Euklids). Erst vom 2. bis 6. Jh. an wurden die Texte in die Form von gehefteten Bündeln von Papyrus- und zunehmend Pergamentblättern (sogenannte Kodizes) gebracht, vorher gab es nur Papyrusrollen, die beim Schreiben und Lesen sehr schwer zu handhaben waren. Schon athenische Vasenbilder aus dem 3. Jh. v. u. Z. zeigen in humorvoller Weise die Schwierigkeiten beim Lesen von Papyrusrollen, und Aristoteles erhielt von seinen Zeitgenossen den Spitznamen „der Leser", offenbar doch, weil die von ihm praktizierte Methode der Wissensaneignung damals noch etwas Ungewöhnliches war. Ist es unter solchen Umständen plausibel, sich Euklid als einen Lehrbücher schreibenden Gelehrten im späteren Sinne vorzustellen? Ist es nicht wahrscheinlicher, daß seine Werke aus individuellen Aufzeichnungen seiner Schüler hervorgegangen sind oder vielleicht sogar erst nach Generationen erstmals endgültig schriftlich fixiert wurden? Solche Hypothesen könnten manches rätselhafte Detail erklären wie z. B. die Existenz von frühen Textbruchstücken der *Elemente*, die im Wortlaut erheblich vom später kanonisierten Text abweichen, das häufige Fehlen von geradezu in der Luft liegenden Erklärungen oder logischen Verbindungen zwischen aufeinanderfolgenden Problemen (die Schüler haben sie nicht mitgeschrieben?), den mitunter sprunghaften Wechsel des wissenschaftlichen Niveaus.

Sicher wüßten wir über alle diese Dinge viel mehr, wenn nicht die riesige alexandrinische Bibliothek, die in ihrer Blütezeit zwischen 700 000 und 1 Million Papyrusrollen umfaßt haben soll, in mehreren Etappen dem Feuer zum Opfer gefallen wäre. Der Hauptteil verbrannte bereits im Jahre 47 v. u. Z. bei den kriegerischen Auseinandersetzungen Julius Caesars mit den Ptolemäern. Ein kleinerer Außenbestand von rund 43 000 Schriftrollen, der im Serapeion, einem dem griechisch-ägyptischen Unterweltsgott Serapis geweihten Tempel, untergebracht war, wurde 391 von den Christen angezündet. Häufig wird die Erzählung eines griechischen Augenzeugen wiedergegeben, der Kalif Omar habe anläßlich der Eroberung Alexandrias durch die Araber im Jahre 642 den Befehl gegeben, mit den Schriftrollen der Griechen die Bäder zu heizen, und dazu die Begründung geäußert: Wenn diese Schriften dasselbe enthalten wie der Koran, sind sie überflüssig, andernfalls sind sie schädlich. Dieser Bericht ist in der Neuzeit unter Hinweis auf die bereits lange vorher verbrannten Bibliotheken mehrfach als Tendenzlüge zur Diffamierung der Araber dargestellt worden. Immerhin ist es aber nicht ausgeschlossen, daß sich in einer so wissenschaftsträchtigen Stadt wie Alexandria auch im Jahre 642, vielleicht in Privatbibliotheken, immer noch genügend Papyrusrollen befunden haben könnten, um damit längere Zeit die Bäder zu heizen.

# Die Elemente

## Überblick

Die *Elemente* (griech. stoicheia) sind das Hauptwerk des Euklid.
Durch den bereits erwähnten Kommentar des Proklus wissen
wir, daß es vor Euklid mindestens schon drei Verfasser von
*Elementen* gegeben hat, nämlich Hippokrates von Chios (um
440 v. u. Z.), Leon (um 370 v. u. Z.) und Theudios von Magnesia
(um 340 v. u. Z.). Die *Elemente* der beiden letztgenannten waren
wohl für die mathematische Ausbildung an der Akademie des
Platon bestimmt oder zumindest im Umfeld der Akademie und
unter dem Einfluß des Platon entstanden. Von ihrem Inhalt ist
keine Spur überliefert, aber wir dürfen annehmen, daß zumindest die beiden letztgenannten sich in der Anlage und vom Anliegen her nicht grundsätzlich von den *Elementen* Euklids unterschieden haben. Vielmehr ist wahrscheinlich, daß Euklid deren
Vorbild benutzte und sie lediglich durch die damals neuesten
Erkenntnisse wie auch durch seine eigenen Beiträge verbesserte.
Es ist ziemlich einleuchtend, daß das jeweils neueste Lehrwerk
oder Kompendium in einer Zeit, in der Bücher nur in wenigen
Exemplaren existierten und nur per Hand vervielfältigt werden
konnten, veraltete Werke gleichen Charakters schnell verdrängen,
ja in Vergessenheit bringen konnte, und daß die Existenz von nur
wenigen Exemplaren früher oder später unweigerlich die phy-
sische Vernichtung eines Werkes zur Folge hatte, wenn es nicht
immer wieder kopiert wurde.
Die *Elemente* stellen keineswegs, wie man in oberflächlichen
Darstellungen manchmal liest, eine Zusammenfassung des gesamten mathematischen Wissens ihrer Zeit dar. Sie bilden lediglich das gemeinsame Fundament für alle weitergehenden und
spezielleren mathematischen Untersuchungen. Daß es deren
viele gab, beweisen schon allein die übrigen Schriften Euklids.
Man kann sogar sagen, daß manche Teile der *Elemente* ohne die
Existenz weitergehender mathematischer Theorien und Anwen-
dungsbereiche geradezu unmotiviert wären. Insbesondere ist es
völlig abwegig, mit Proklus und anderen Neuplatonikern den

Sinn und Zweck der *Elemente* in der Untersuchung der Eigenschaften der regulären Polyeder und deren Konstruktion zu sehen:

Er gehörte zur platonischen Schule und war mit dieser Philosophie vertraut, weshalb er auch als Ziel der gesamten Elementarlehre die Darstellung der sogenannten platonischen Körper aufstellte. [16, S. 214]

Immerhin hat der Einfluß, den Proklus lange Zeit auf die Euklidrezeption ausübte, dazu geführt, daß man schließlich sogar den Titel *Elemente* mit der früher skizzierten spekulativen Atomtheorie Platons in Verbindung brachte. Dabei enthalten die *Elemente* viele Bestandteile, die für die in Buch XIII abgehandelte Polyedertheorie des Theaitetos überhaupt nicht benötigt werden.
Die *Elemente* Euklids sind in 13, üblicherweise römisch numerierte Bücher (hier svw. Kapitel) gegliedert. Die Übersicht 1 gibt einen ersten Einblick in den Aufbau des Werkes und die in der Neuzeit rekonstruierte vermutliche Herkunft des jeweiligen Stoffes. Die kleinsten Stoffeinheiten, Propositionen genannt, zerfallen in Sätze nebst Beweis und in Konstruktionsaufgaben nebst Lösung und Beweis der Richtigkeit der Lösung. Die Numerierung der Propositionen, deren explizite Unterteilung in Sätze und Aufgaben und die Benutzung der Nummern beim späteren Verweis sind erst von späteren Bearbeitern eingeführt worden. Im Originaltext wird an jeder späteren Stelle, an der ein früheres Ergebnis benutzt wird, dieses ganze Ergebnis nochmals formuliert. Dies ist sowohl ein Merkmal der noch ungelenken Technik wissenschaftlichen Arbeitens als auch ein Symptom dafür, daß der Text, ohne den ja die Rückverweisung auf eine Nummer nichts nützt, wahrscheinlich nicht allen Schülern zugänglich war. Euklid mußte so immer wieder an das bereits Behandelte erinnern und — modern gesagt — permanente Wiederholung treiben. Die Beweise der Lehrsätze enden mit der stereotypen Schlußformel „was zu beweisen war", die Konstruktionsbeschreibungen analog mit der Wendung „was auszuführen war". Diese Schlußformeln sind anfangs ausführlich formuliert, später — und zwar schon im Originaltext — immer weiter verkürzt.
Die meisten Bücher beginnen mit einer Reihe von Definitionen. Ausnahmen bilden hier die Bücher VIII und IX, die weiterhin mit den in VII eingeführten Begriffen arbeiten, die Bücher XII und

Übersicht 1: Die *Elemente* Euklids

| Buch Nr. | Inhalt | inhaltl. Herkunft | Anzahl der* Defini-tionen | Proposi-tionen | davon Konstruk-tionsaufgaben |
|---|---|---|---|---|---|
| I | ebene Geometrie bis Satz des Pythagoras | | 23 | 48 | 14 |
| II | elementare geometrische Algebra | 6. u. 5. Jh. v. u. Z., insbes. Pythago-räer, ion. Naturphi-losophen | 2 | 14 | 2 |
| III | Kreislehre | | 11 | 37 | 6 |
| IV | Dem Kreis ein- u. umbeschriebene Vielecke | | 7 | 16 | 16 |
| V | Proportionenlehre | Eudoxos | 18 | 24 | — |
| VI | Anwendungen von Buch V auf ebene Geometrie | ? | 5 | 33 | 10 |
| VII | Theorie der natürlichen Zahlen | Pythago-räer | 22 | 39 | 6+2** |
| VIII | | | — | 27 | 2+2** |
| IX | | | — | 36 | 2+2** |
| X | quadratische Irrationalitäten | Theaitetos | 29 | 117 | 25 |
| XI | elementare Stereometrie | z. T. wie I—IV | 28 | 39 | 5 |
| XII | Volumen | Eudoxos | — | 18 | 2+1** |
| XIII | reguläre Polyeder | Theaitetos | — | 19 | 6 |
| | | Insgesamt | 145 | 467 | 96+7** |

* Zählung nach der Ausgabe [2] von Cl. Thaer
** Bei den jeweils hinzugefügten Aufgaben handelt es sich um Propositionen, die in [2] nicht formal als Aufgaben ausgewiesen, aber sachlich als solche zu betrachten sind (vgl. den Abschnitt über den konstruktiven Aspekt der *Elemente*).

XIII, die weiterhin mit den in Buch XI eingeführten Begriffen auskommen, vor allem aber Buch X, das derart mit schwieriger Terminologie überfrachtet ist, daß die Mitteilung der Definitionen hier, wohl aus pädagogischen Gründen, in mehreren Raten erfolgt. Nicht umsonst galt Buch X zu allen Zeiten als das inhaltlich schwierigste, daher besonders häufig kommentierte und trotzdem nur von wenigen gelesene oder gar verstandene Kapitel der *Elemente*. (In jüngster Zeit gibt es einen interessanten Versuch von Ch. M. Taisbak, den Inhalt von Buch X durch die Einführung einer sehr anschaulichen Terminologie neu zu erschließen. [141])

Insgesamt gehören die Definitionen Euklids zu den am meisten diskutierten, kommentierten, kritisierten und „verbesserten" Teilen seines Werkes. Sie gaben vielen späteren Generationen Anlaß sowohl zu tiefschürfenden philosophischen Betrachtungen über die Natur solcher mathematischen Begriffe wie Punkt, Linie, Fläche, gerade Linie usw. als auch zu kleinlicher Wortflickerei. Das heute in der mathematischen Literatur vorherrschende Urteil, Euklids Definitionen seien der schwächste Teil der *Elemente*, sie seien keine Definitionen im Sinne der mathematischen Logik, daher für den axiomatisch-deduktiven Aufbau überflüssig und würden auch von Euklid selbst später nirgends wirklich benutzt, bedarf in jedem Fall einer kritischen Einschränkung. Erstens ist eine erklärende Einführung der jeweils verwendeten Grundbegriffe, auch wenn sie logisch (vom Standpunkt des Hilbertschen Formalismus) überflüssig sein sollte, auf jeden Fall pädagogisch nötig. Falls es zutrifft, daß der kanonisierte Text aus Mitschriften von Schülern hervorgegangen ist, ist es gut vorstellbar, daß die häufig sehr lapidaren Definitionen der Grundbegriffe (z. B. I.1. Ein Punkt ist, was keine Teile hat. I.2. Eine Linie breitenlose Länge.) nur das — vielleicht sogar verstümmelte — Stichpunktgerüst einer umfangreichen propädeutischen Einführung gewesen sind. Man weiß ja, daß auch heute das sinnvolle Mitschreiben nicht zu denjenigen Künsten gehört, die ein Student als erste zu beherrschen lernt, und daß es um so schwieriger ist, je weniger formal das Vorgetragene ist. Zweitens trifft der Vorwurf, Euklids Definitionen seien keine Definitionen im Sinne der formalen Logik, also keine im Prinzip eliminierbaren Vereinbarungen über bloß abkürzenden Sprachgebrauch, zwar auf die versuchte Erklärung von Begriffen wie Punkt, Linie, Fläche usw. zu, jedoch auf die Mehrzahl der insgesamt vorkommenden Definitionen nicht. Vielmehr lassen sich die meisten von ihnen, eventuell nach geringfügiger sprachlicher Korrektur, durchaus als Nominaldefinitionen begreifen. Z. B. trifft dies auf die Definitionen I.11, 12 (Zurückführung der Begriffe stumpfer, spitzer Winkel auf die Begriffe rechter Winkel, größer, kleiner), I.15, 16 (Kreis, Mittelpunkt), I.23 (Parallelität von geraden Linien in der Ebene), III.2 (Tangenten eines Kreises), IV.1,2 (einbeschriebene und umbeschriebene geradlinige Figuren) und viele andere zu. Es soll aber nicht verschwiegen werden, daß einige von Euklid definierte Begriffe später überhaupt nicht vorkommen, während zahlreiche nicht ausdrücklich definierte Begriffe verwendet werden, meist solche, deren Bedeutung aus der sprachlichen Benennung und dem Zusammenhang klar ist. Beide Mißgeschicke kommen auch in modernen mathematischen Arbeiten nicht selten vor. Außerdem sind die Philologen der Ansicht, daß gerade von den überflüssigen Definitionen mehrere von späteren Bearbeitern eingefügt wurden.

In Buch I folgen auf die Definitionen eine Reihe von Grundsätzen, die in Axiome und Postulate gegliedert sind und auf denen der deduktive Aufbau des ganzen Werkes ruht. Diese Axiome und Postulate enthalten aus heutiger Sicht sowohl überflüssige (weil beweisbare) Sätze, wie z. B. die Gleichheit aller rechten Winkel (Postulat 4), als auch wesentliche Lücken. Abgesehen davon, daß die Grundsätze von Buch I weder für die zahlentheoretischen Bücher VII bis IX noch für die Stereometrie (Buch XI bis XIII) eine Grundlage liefern, sind sie auch als Axiomensystem der ebenen Geometrie (Buch I bis VI) unzureichend. Insbesondere operiert Euklid mit allen Begriffen, die der Anordnungsgeometrie angehören, also durch den von Pasch und Hilbert eingeführten Grundbegriff des Zwischenliegens von drei Punkten definierbar sind, rein anschaulich und setzt z. B. die Existenz von Schnittpunkten zwischen Kreisen bzw. zwischen Kreis und Gerade in solchen Fällen, in denen man ihrer anschaulich sicher ist, ohne weiteres voraus. Wer wollte ihm daraus einen Vorwurf machen? Es kann Euklid nicht darum gegangen sein, die rein logische Folgerbarkeit seiner Sätze aus den angegebenen Grundsätzen in einem Sinne zu beweisen, der erst in unserem Jh.

von dem polnischen Logiker A. Tarski endgültig präzisiert wurde, nämlich ihre Gültigkeit bei jeder beliebigen Interpretation der Grundbegriffe, bei der alle Axiome erfüllt sind. Vielmehr mußte er wie noch über 2000 Jahre nach ihm alle Geometer von einer festen anschaulich vorgegebenen Bedeutung seiner Begriffe ausgehen. Der Begriff des „Nichtstandardmodells", den man für ein echtes Verständnis der logischen Folgerbarkeit erkannt haben muß, mußte ihm fremd sein. Daß es auf einer solchen anschaulichen Grundlage viel schwerer ist, logisch einwandfreie Beweise zu führen als in abstrakteren Bereichen der Mathematik, deren Begriffe (wie z. B. in der Gruppentheorie) nicht von vornherein mit einer festen Standardbedeutung behaftet sind, weiß auch der heutige Mathematiker. Um so bewundernswerter ist es, daß sich in den *Elementen* nicht ein einziger falscher Satz findet. Auch die Beweisideen sind fast alle für eine moderne Darstellung brauchbar, nur aus der Sicht einer modernen Axiomatik hinsichtlich der Voraussetzungen und der nötigen Beweisschritte zuweilen lückenhaft. Aber hier gilt sinngemäß, was Archimedes über das Verhältnis vom Finden eines Sachverhalts zu dessen strengem Beweis sagte: Die Krone gebührt auch heute noch in der Mathematik demjenigen, der eine Beweisidee hat, gegenüber demjenigen, der diese Idee zu einem formal korrekten Beweis ausarbeitet.

Im folgenden sollen einige inhaltliche Aspekte der *Elemente* einer detaillierteren Betrachtung unterworfen werden. Dabei beginnen wir mit einem von uns als konstruktiv bezeichneten Aspekt, der bisher in der umfangreichen Literatur über Euklid kaum berücksichtigt wurde, aber aus heutiger Sicht ein wichtiges Bindeglied zwischen den *Elementen* (und klassischer Mathematik im Stil der *Elemente*) einerseits und neuzeitlicher verfahrens- und computerorientierter Mathematik andererseits bildet.


## Der konstruktive Aspekt

Eine Aussage der sprachlichen Form
Für alle $x_1 \ldots x_n$ gilt: Wenn $H_1(x_1, \ldots, x_n)$ erfüllt ist, so gibt es Dinge $y_1 \ldots y_m$, so daß $H_2(x_1, \ldots, x_n; y_1, \ldots, y_m)$ gilt
soll eine bedingte Existenzaussage (kurz BE) heißen. Sie behauptet die Existenz von gesuchten Objekten (in der Geometrie „Stücken")

$y_1, ..., y_m$, die zu gegebenen Objekten $x_1, ..., x_n$ in einer gewissen Beziehung $H_2$ stehen, unter der Voraussetzung (Bedingung), daß die gegebenen Objekte $x_1, ..., x_n$ die Beziehung $H_1$ erfüllen. Der Begriff der BE sei an einigen Beispielen erläutert:

(1) Für alle $P, g$ gilt: Wenn $P$ Punkt, $g$ Gerade ist und $P$ nicht auf $g$ liegt, so gibt es eine Gerade $h$, so daß gilt: $P$ auf $h$ und $h$ parallel zu $g$.

(2) Für alle $A, B, C$ gilt: Wenn $A, B, C$ Punkte sind, die nicht auf einer gemeinsamen Geraden liegen, so gibt es einen Kreis $k$, so daß $A$ auf $k$ und $B$ auf $k$ und $C$ auf $k$ (liegt).

(3) Für alle $p, q$ gilt: Wenn $p, q$ reelle Zahlen mit $p^2 > 4q$ sind, so gibt es reelle Zahlen $x_1, x_2$, so daß $x_1 < x_2$ und $x_1^2 + px_1 + {} + q = 0$ und $x_2^2 + px_2 + q = 0$.

Die prinzipielle Natur einer BE ist unberührt von der speziellen sprachlichen Gestaltung. Zum Beispiel würde man (3) in weniger schwerfälliger Weise so formulieren:

(3′) Jede quadratische Gleichung mit reellen Koeffizienten und positiver Diskriminante besitzt zwei verschiedene reelle Nullstellen.

Als Spezialfälle von BE sehen wir Aussagen der Form

Zu allen $x_1, ... x_n$ gibt es $y_1 ... y_m$, so daß $H_2(x_1, ..., x_n; y_1, ..., y_m)$

an, da man sie etwas umständlicher auch so formulieren könnte:

Zu allen $x_1 ... x_n$, die die Bedingung $x_1 = x_1$ (und $x_2 = x_2$ und ... und $x_n = x_n$) erfüllen, gibt es $y_1 ... y_m$, so daß $H_2(...)$ gilt.

Wir geben noch zwei Beispiele für solche unbedingten Existenzaussagen (UE) an:

(4) Zu jedem Punkt $P$ und jeder Geraden $g$ gibt es eine Gerade $h$ durch $P$, die auf $g$ senkrecht steht.

(5) Zu je zwei natürlichen Zahlen $m, n$ gibt es einen größten gemeinsamen Teiler.

Unter einer Konstruktionsaufgabe wollen wir die Aufgabe verstehen, eine BE (bzw. UE) auf die spezielle Weise in einer bestimmten Theorie als gültig nachzuweisen, daß wir ein Verfahren (Algorithmus, Programm) angeben, das auf alle Systeme $x_1, ..., x_n$ von Eingabeobjekten, die die Bedingung $H_1$ erfüllen, anwendbar ist und dann stets Resultate (Ausgabeobjekte) $y_1 ... y_m$ liefert, die zusammen mit den Eingabeobjekten $x_1 ... x_n$ in der gewünschten Beziehung $H_2$ stehen. Zur vollständigen Formulierung einer Konstruktionsaufgabe ist anzugeben

(a) die Theorie $T$, in deren Rahmen der zu führende Beweis erfolgen soll,

(b) die Klasse der zur Lösung zugelassenen Verfahren (Algorithmen, Programme),

(c) die zu beweisende BE (bzw. UE).

Ist insbesondere $T$ die ebene euklidische Geometrie, so kann die Klasse der zulässigen Verfahren zum Beispiel die Klasse der Konstruktionen mit Zirkel und Lineal sein, es könnten aber z. B. auch Einschiebungen als zulässige Schritte der Verfahren erlaubt werden. Ist $T$ etwa die Theorie der natürlichen Zahlen, so könnten die zulässigen Verfahren diejenigen sein, die aus der Nachfolgerbildung, den sogenannten Projektionsfunktionen $f_i(x_1, ..., x_n)_{Df.} = x_i$, der konstanten Nullfunktion und dem Nulltest als Elementarschritten aufgebaut werden können. (Diese Verfahren gestatten gerade die Erzeugung der rekursiven Funktionen.)

Eine Lösung einer (durch die drei genannten Bestandteile $a$, $b$, $c$ gegebenen) Konstruktionsaufgabe besteht immer aus den folgenden beiden Bestandteilen:

(A) der Angabe eines Verfahrens aus der zulässigen Klasse, das geeignet ist, auf Objektsysteme der Form $x_1, ..., x_n$ (in Abhängigkeit von der gegebenen BE) angewendet zu werden und im Erfolgsfall Resultate der Form $y_1, ..., y_m$ liefert. (Wenn die Präzisierung der zulässigen Verfahren schon das Stadium von Programmiersprachen erreicht hat, müssen also $x_1, ..., x_n$ genau die Eingabeadressen und $y_1, ..., y_m$ genau die Ausgabeadressen des zu programmierenden Verfahrens sein.)

(B) dem Beweis mit den Mitteln von $T$, daß das angegebene Verfahren auf alle Systeme von Eingabeobjekten, die die Bedingung $H_1$ der BE erfüllen, anwendbar ist und die erhaltenen Ausgabeobjekte zusammen mit den Eingabeobjekten die Bedingung $H_2$ erfüllen.

Die so mitgeteilte Lösung einer Konstruktionsaufgabe ist aus der Schulgeometrie wohlbekannt als „Konstruktionsbeschreibung" und „Beweis der Richtigkeit der Konstruktion". Wesentlich für diese methodologisch außerordentlich fruchtbare Betrachtungsweise der Konstruktionsaufgaben ist allerdings, daß die Konstruktionsbeschreibungen wirklich als Niederschriften von Verfahren begriffen werden, die an beliebigen, die Eingabebedingung $H_1$

erfüllenden Objekten $x_1, ..., x_n$ jederzeit ausführbar sind und nicht etwa als (womöglich nachträgliche) Beschreibung einer einmaligen Handlung.

Wir stellen fest, daß die eingeführten Begriffe und die prinzipielle Auffassungsweise keineswegs an die Geometrie oder gar an die euklidische Geometrie oder gar an die Konstruktionen mit Zirkel und Lineal gebunden sind, obwohl sich die Konstruktionen mit Zirkel und Lineal in der euklidischen Ebene als methodisch besonders geeignet für das Training des prinzipiellen Vorgehens der verfahrensorientierten Mathematik erweisen. Es ist hier nicht der Ort, die vielfältigen Begriffe, Probleme und Theorien, die sich als „Verfahrensaspekt der Mathematik" um das Begriffssystem Konstruktionsaufgabe-Lösung ranken, weiter zu verfolgen. (Interessierte Leser seien auf [118] verwiesen.) Es muß jedoch noch gesagt werden, daß mit der Lösung einer Konstruktionsaufgabe zweierlei erreicht ist, nämlich

(I) die Bereicherung der zugrunde liegenden Theorie um die bewiesene BE (ein konstruktiver Beweis ist ja erst recht ein Beweis im klassischen Sinne),

(II) die Gewinnung eines theoretisch abgesicherten Verfahrens von möglicher praktischer Bedeutung.

(I) allein wäre auch geleistet, wenn man die betreffende BE z. B. indirekt beweist, d. h. die Annahme ihrer Ungültigkeit auf einen Widerspruch führt. Ob man mehr am Aspekt (I) oder am Aspekt (II) der Lösung interessiert ist, ist dem mathematischen Vorgehen nicht ohne weiteres anzusehen. Vielmehr kennt die Geschichte der Mathematik zahlreiche Beispiele dafür, daß Verfahren, die ursprünglich aus rein theoretischen Interessen erfunden wurden, viel später eine von den Begründern nicht voraussehbare praktische Bedeutung erlangten, aber auch Beispiele dafür, daß mathematische Verfahren von einst großer praktischer Bedeutung durch weitere Fortschritte der angewandten Mathematik (oder der Gerätetechnik) ihre praktische Bedeutung verloren (z. B. weil sie durch schnellere oder genauere Verfahren ersetzt werden konnten), aber weiter ihren Dienst als Beweismittel für den dahinter stehenden Existenzsatz leisten.

Kehren wir zu den *Elementen* Euklids zurück. Wie Übersicht 1 zeigt, sind Konstruktionsaufgaben (im hier definierten Sinn) in von Buch zu Buch schwankender, aber insgesamt beträchtlicher

Anzahl enthalten. Eine tiefere Analyse ihrer Stellung im Gesamtaufbau zeigt sogar, daß die übrigen Sätze häufig in enger Beziehung zu den konstruktiv bewiesenen Existenzsätzen stehen, indem sie z. B. zeigen, daß bestimmte in den Konstruktionsaufgaben als hinreichend für die Lösbarkeit erwiesene Bedingungen $(H_1)$ auch notwendig für die Lösbarkeit sind. Wir stellen weiter fest, daß die Konstruktionsaufgaben keineswegs auf die geometrischen Bücher der *Elemente* beschränkt sind. Insbesondere tritt in VII.2 das unter dem Namen euklidischer Algorithmus berühmt gewordene Verfahren auf, mit dessen Hilfe konstruktiv die Existenz des größten gemeinsamen Teilers zweier natürlicher Zahlen bewiesen wird. Ein anderer berühmter, nach Euklid benannter Satz der *Elemente*, die Existenz unendlich vieler Primzahlen betreffend, wird von Euklid wie folgt formuliert:

IX.20. Es gibt mehr Primzahlen als jede vorgelegte Anzahl von Primzahlen.

Dies ist im wesentlichen eine BE: Zu jeder endlichen Menge von Primzahlen (gegebenes Objekt) gibt es eine Primzahl (gesuchtes Objekt), die dieser Menge nicht angehört. Euklid beweist sie konstruktiv, indem er das wohlbekannte Verfahren beschreibt, aus gegebenen endlich vielen Primzahlen $p_1, ..., p_n$ (Euklid behandelt den Fall $n = 3$) eine neue Primzahl zu gewinnen, indem man die Zahl $p_1 \cdot p_2 \cdot ... \cdot p_n + 1$ bildet und einen ihrer Primfaktoren bestimmt. Dabei geht das schon in VII.31 beschriebene Verfahren zur effektiven Gewinnung eines Primfaktors einer vorgegebenen Zahl als „Unterprogramm" ein. Die Sätze VII.31, IX.20 und einige weitere Sätze der zahlentheoretischen Bücher sind in den vorliegenden modernen Ausgaben, die erst die explizite Unterscheidung von Sätzen und Aufgaben aufweisen, nicht als Aufgaben ausgewiesen, weil man wohl ihren etwas verborgenen Charakter als konstruktiv bewiesene Existenzsätze nicht erkannt hat. Darauf beziehen sich die in Übersicht 1 angegebenen 7 zusätzlichen Aufgaben. Hierzu zählt auch der letzte Satz (36) von Buch IX, in dem die Existenz von vollkommenen Zahlen durch Angabe eines Verfahrens zur Beschaffung solcher gezeigt wird: Man nehme eine Primzahl der Form $2^n - 1$ (z. B. 3 oder 7) und bilde $n = (2^n - 1) \cdot 2^{n-1}$. Ihre echten Teiler sind dann 1, 2, 4, ..., $2^{n-1}$ und $2^n - 1$, $2(2^n - 1)$, $4(2^n - 1)$, ..., $2^{n-2}(2^n - 1)$, deren Summe ist $n$. Die hier offenbleibende Frage, ob das Ver-

fahren unendlich viele vollkommene Zahlen liefert, ob es nämlich
unendlich viele Primzahlen der Form $2^n - 1$ gibt, ist bis heute
ungelöst.

Betrachten wir nun die Axiome und Postulate Euklids aus der
Sicht der konstruktiven Existenzbeweise, so stellen wir fest, daß
die Postulate mit Ausnahme des vierten die für konstruktive
Existenzbeweise in der Geometrie zulässigen Verfahren ab-
grenzen, indem sie gewisse Elementarverfahren als ausführbar
voraussetzen:

Gefordert soll sein:

1. daß man von jedem Punkt nach jedem Punkt die Strecke ziehen kann,
2. daß man eine begrenzte gerade Linie zusammenhängend gerade verlängern
   kann,
3. daß man mit jedem Mittelpunkt und Abstand den Kreis zeichnen kann,
4. und daß, wenn eine gerade Linie beim Schnitt mit zwei geraden Linien
   bewirkt, daß innen auf derselben Seite entstehende Winkel zusammen
   kleiner als zwei Rechte werden, dann die zwei geraden Linien bei Verlängerung ins Unendliche sich treffen auf der Seite, auf der die Winkel liegen, die
   zusammen kleiner als zwei Rechte sind (Abb. 7).

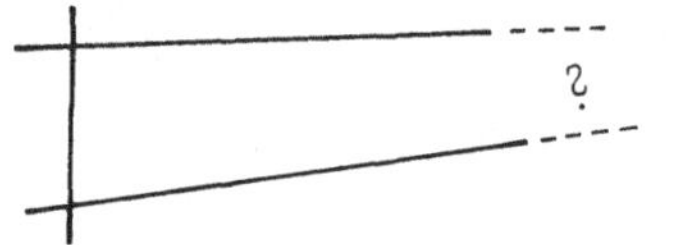

7

Während zu allen Zeiten klar war, daß die Postulate 1. bis 3.
gerade die mit Zirkel und Lineal ausführbaren Grundkonstruk-
tionen beschreiben (und zwar auf eine von der technisch-instru-
mentellen Realisierung unabhängige Weise, von Zirkel und
Lineal selbst ist in den *Elementen* nirgends die Rede), hat man den
logisch völlig gleichartigen Charakter des 5. Postulats nicht
erkannt. Vielmehr führte die bereits in der Antike einsetzende
Diskussion, ob dieser so auffallend kompliziert formulierte
Sachverhalt überhaupt als ein Axiom (im Sinne eines unmittelbar
evidenten, keines Beweises fähigen bzw. bedürftigen Sachverhalts)
zulässig sei (man beachte aber hierbei den von Aristoteles ge-
setzten Unterschied zwischen Axiom und Postulat), dazu, daß
diese Voraussetzung schon bald in verschiedene andere Formulierungen transformiert wurde, die zwar vom Standpunkt der
klassischen Logik als Axiom gleichwertig sind, aber nicht den
Charakter einer als ausführbar postulierten Grundoperation

42

bewahren. Folgerichtig wurde das 5. Postulat in seiner ursprünglichen oder umformulierten Form von vielen späteren Bearbeitern unter die Axiome versetzt.

Unsere konstruktive Deutung des 5. Postulats bedarf aber nun zunächst einer ausführlichen Erklärung. Vom Standpunkt der Logik gehören zu den Konstruktionen mit Zirkel und Lineal (wenn man sie als Verfahren betrachtet) neben den in den Postulaten 1. bis 3. beschriebenen Grundschritten auch die Bestimmung der Schnittpunkte von Geraden untereinander und Kreisen untereinander sowie Geraden mit Kreisen als unentbehrliche und völlig gleichberechtigte Grundschritte. Andernfalls wäre jede Konstruktion spätestens dann beendet, wenn man alle Verbindungsgeraden zwischen je zwei verschiedenen gegebenen Punkten und alle Kreise durch gegebene Punkte um gegebene Mittelpunkte gezeichnet hat. Dabei muß noch berücksichtigt werden, daß Euklid in bemerkenswerter Realitätsnähe nicht die Konstruktion der unendlich ausgedehnten Verbindungsgeraden fordert, sondern nur die Verbindbarkeit je zweier Punkte durch eine gerade Strecke und die beliebige Verlängerbarkeit von gegebenen oder schon konstruierten Strecken. Seine „geraden Linien" sind also nur potentiell unbeschränkt, aber in jedem Augenblick von endlicher Länge. Nun sieht man schon etwas besser, daß die Konstruktion des zwei Strecken zugeordneten Schnittpunktes ihrer Verlängerungen eine nichttriviale Grundaufgabe ist, deren tatsächliche Ausführbarkeit in ungünstigen Fällen (wenn die gegebenen Strecken fast parallel sind) sich ebenso jeder Erfahrung entzieht wie die in Postulat 1. geforderte geradlinige Verbindbarkeit zweier beliebiger Punkte. (Man denke an zwei sehr weit voneinander entfernte Punkte.) Es bedarf also wirklich der Postulierung, daß diese für die Konstruktionen mit Zirkel und Lineal unerläßlichen Grundprozeduren in jedem Fall ausführbar sein sollen. Man lese jetzt nochmals die von Aristoteles gegebene Charakterisierung des Postulats gegenüber dem Axiom (S. 20). Man beachte auch, daß die Ausführbarkeit der Schnittpunktoperation für gerade Strecken, die in der Realität durch einen zyklischen Prozeß (des immer wiederholten Verlängerns der gegebenen Strecken) von nicht vorhersehbarer Dauer realisiert wird, durch das 5. Postulat unter einer an den gegebenen Strecken im voraus lokal überprüfbaren Bedingung gefordert wird.

Übrigens bleibt die Rolle des 5. Postulats im axiomatischen Aufbau der ebenen Geometrie von unserer konstruktiven Deutung völlig unberührt. Es ist jedoch hier der Ort, darauf hinzuweisen, daß A. Seidenberg in einer detailreichen Arbeit die Absicht Euklids, die ebene Geometrie im modernen Sinne axiomatisch aufzubauen, überhaupt bestritten hat. [122] Im übrigen weicht seine Ansicht wesentlich von der hier dargestellten ab.

Wir müssen nun feststellen, daß bei Euklid eigentlich zwei Postulate fehlen, nämlich eines, welches die Existenz von Schnittpunkten zweier Kreise fordert, falls die Radien und Mittelpunktsabstände dieser Kreise der hierfür sachgemäßen Bedingung genügen[5], und eines, das die Existenz der Schnittpunkte eines Kreises und einer Geraden sichert, falls der Abstand der Geraden vom Mittelpunkt des Kreises kleiner als der Radius des Kreises ist. Vom Standpunkt der modernen axiomatischen Geometrie läßt sich eines dieser beiden Postulate aus dem anderen begründen, aber eines von beiden muß man voraussetzen, falls man nicht sogleich die Lückenlosigkeit der Ebene im Sinne des Hilbertschen Vollständigkeitsaxioms fordern will. Es gibt nämlich gewisse „durchlöcherte" Nichtstandardmodelle der ebenen Elementargeometrie, in denen zwar alle elementaren Axiome erfüllt und auch die Konstruktionen mit Zirkel und Lineal bis zu einem gewissen Grade in gewohnter Weise ausführbar sind, aber gewisse existierende Kreise und Geraden sich gerade über „fehlenden" Punkten schneiden, so daß die anschaulich als existent vermuteten Schnittpunkte in den betreffenden Modellen nicht vorhanden sind. Sich solches vorzustellen, lag offenbar jenseits der logischen und psychologischen Möglichkeiten und auch der Absichten der antiken Mathematiker. Das Fehlen der genannten Postulate ist also in gleicher Weise zu werten wie das Nichtvorhandensein

---

[5] Notwendig für die Existenz dieser Schnittpunkte ist, wie aus den *Elementen* I.20 selbst hervorgeht, daß der Mittelpunktsabstand $d$ der beiden Kreise und deren Radien $r_1$, $r_2$ die drei Dreiecksungleichungen $d < r_1 + r_2$, $r_1 < d + r_2$, $r_2 < d + r_1$ erfüllen. In der reellen Ebene ist diese Bedingung auch hinreichend./- Für die den Konstruktionen mit Zirkel und Lineal zugrunde liegende elementare Theorie ist es ausreichend, statt des Stetigkeitsaxioms nur durch ein Axiom zu fordern, daß die genannte Bedingung hinreichend ist. Diesen Weg hat mit einem etwas anderen, aber äquivalenten Axiom zuerst F. Schur 1909 beschritten [121, S. 92].

jeglicher axiomatischer Grundlage für alle Schlüsse, in denen Anordnungsbeziehungen (wie z. B. Punkte auf verschiedenen oder der gleichen Seite einer Geraden, im Innern oder im Äußeren eines Kreises usw.) eine Rolle spielen.

Wir müssen diesen Abschnitt mit einer Betrachtung zum scheinbar unproblematischen 3. Postulat beschließen. Seine in hohem Maße mißverständliche Formulierung im Verein mit dem jedermann geläufigen Gebrauch des Zirkels drängt folgende Deutung auf: Sind $A, B, C$ drei beliebige Punkte mit $B \neq C$ (aber evtl. $A = C$ oder $A = B$), so kann man den Abstand $BC$ „in den Zirkel nehmen" bzw. von $BC$ „abgreifen" und mit diesem Radius den Kreis um den Mittelpunkt $A$ schlagen. Erst aus den ersten beiden Konstruktionsaufgaben von Buch I geht hervor, daß Euklid im Postulat nur etwas anscheinend Schwächeres voraussetzen will: Sind $A, B$ zwei beliebige verschiedene Punkte, so kann man den Kreis um $A$ mit dem Radius $AB$, d. h. den Kreis um $A$ durch $B$ konstruieren. Er zeigt nämlich in I.1, wie man auf die übliche Weise zu gegebenen Punkten $A \neq B$ einen dritten Punkt $C$ mit $AC \cong BC \cong AB$ konstruieren kann. Dafür wird ja nur die eben genannte schwächere Zirkelanwendung benötigt. In I.2 zeigt er dann, wie man zu $A, B, C$ mit $B \neq C$ einen Punkt $L$ so konstruieren kann, daß $AL \cong BC$ (Abb. 8): Man verschaffe sich zunächst laut I.1 einen Punkt $D$ mit $AD \cong BD \cong AB$, schlage den Kreis $k_1$ um $B$ durch $C$ und bringe ihn auf der $D$ abgewandten Seite mit

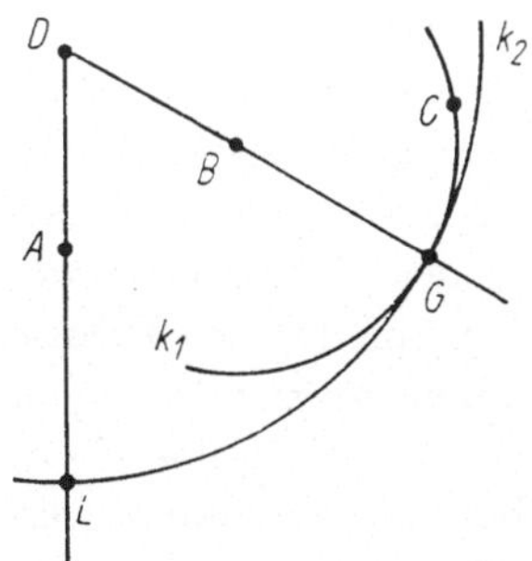


8

der über $B$ hinaus verlängerten Strecke $DB$ zum Schnitt. Den erhaltenen Punkt $G$ nehme man als Peripheriepunkt eines Kreises $k_2$ um $D$. Dann schneidet $k_2$ die über $A$ hinaus verlängerte Strecke $DA$ in einem Punkt $L$ der gesuchten Art. Wie auch an vielen anderen Stellen der *Elemente* fehlt nun ein Kommentar, von dem gut vorstellbar ist, daß Euklid ihn in seinem mündlichen Unterricht gegeben haben könnte: Um den Kreis vom Radius $BC$ um $A$ zu konstruieren, kann man sich zunächst in der in I.2 beschriebenen Weise einen Punkt $L$ verschaffen und dann unter Berufung auf das 3. Postulat den Kreis um $A$ durch $L$ zeichnen. Damit ist die übliche Handhabung des Zirkels auf die durch das 3. Postulat sanktionierte schwächere bzw. speziellere Operation reduziert. Diese scharfsinnige Reduktion, die natürlich zugleich ohne jede praktische Bedeutung ist, läßt sich nur als das auch der modernen Mathematik nicht fremde „sportliche" Streben verstehen, ein gewünschtes Ziel mit möglichst geringen Mitteln zu erreichen.

## Proportionen und Ähnlichkeit

Die Definition des Begriffes der Proportion $\frac{a}{b}=\frac{c}{d}$ und der Anordnung von Verhältnissen $\frac{a}{b}<\frac{c}{d}$ ohne explizite Benutzung des Verhältnisbegriffes für den Fall beliebiger paarweise gleichartiger Größen durch Eudoxos war, wie schon bemerkt, eine der größten mathematischen Leistungen vor der Entstehung der euklidischen *Elemente*, und ihre Behandlung dürfte einer der wesentlichen Qualitätssprünge der euklidischen *Elemente* gegenüber den *Elementen* der genannten Vorgänger gewesen sein. Die eudoxische Proportionentheorie bildet den Inhalt von Buch V, ihre Anwendung auf die ebene Geometrie den von Buch VI. Euklid schob diese schwierige Theorie also so weit wie möglich nach hinten.
Natürlich sind die Verhältnisse aus heutiger Sicht ihrem Wesen nach reelle Zahlen, und die hervorragenden Definitionen des Eudoxos lassen sich ohne weiteres einer modernen Theorie beliebiger archimedisch geordneter Körper zugrunde legen. Die axiomatische Forderung nach Stetigkeit (bzw. Vollständigkeit) wird nicht erhoben, und sie ist für die Belange der euklidischen Geometrie auch nicht wesentlich. Hingegen ist das später als archimedisches Axiom bezeichnete eigentlich eudoxische Axiom in Definition 4 von Buch V in folgender Form vorhanden: Daß sie ein Verhältnis zueinander haben, sagt man von Größen, die vervielfältigt einander übertreffen können. Es ist nicht vorstellbar,

daß hiermit eine bewußte Ausschließung nichtarchimedischer Größensysteme beabsichtigt war. Viel wahrscheinlicher ist, daß Euklid bzw. Eudoxos damit meint: Ein Verhältnis können nur gleichartige Größen zueinander haben, also Strecken zu Strecken, Flächen zu Flächen, Volumina zu Volumina. Daß Euklid überhaupt von Verhältnissen und nicht von vornherein nur von Proportionen spricht, ist eine gewisse Inkonsequenz und vermutlich ein Relikt der von Fowler postulierten älteren Auffassung der Verhältnisse als Ergebnisse von im allgemeinen nicht abbrechenden Meßprozessen. Darauf deutet auch Definition 3 von Buch V hin: Verhältnis ist das gewisse Verhalten zweier gleichartiger Größen der Abmessung nach. „Das gewisse Verhalten" läßt in der Tat mancherlei Interpretation zu, eine Definition des Verhältnisbegriffes ist dies jedenfalls nicht, und Euklid benutzt sie im folgenden nirgends, weil sie nicht benutzbar ist.

Man darf annehmen, daß der heute schulübliche Beweis des Satzes des Pythagoras und des mit ihm eng verbundenen Kathetensatzes und Höhensatzes für rechtwinklige Dreiecke über die Ähnlichkeit entsprechender Teildreiecke spätestens im 5. Jh. v. u. Z. bekannt war (Abb. 9a). Seine Benutzung erfordert jedoch, entweder eine strenge Proportionenlehre zur Verfügung zu haben oder die Grundeigenschaften der Ähnlichkeit sozusagen als Axiome in den Beweis hineinzustecken (wie es zum Zeitpunkt der ersten Entdeckung dieser Sätze gewesen sein könnte). Andererseits ist es wünschenswert, diesen Satz, der den Zugang zu vielen weiteren Sätzen und auch zu vielen Anwendungen bildet, möglichst bald zur Verfügung zu haben. Vielleicht gab es auch zu Euklids Zeiten schon Studenten, die nur die „ersten

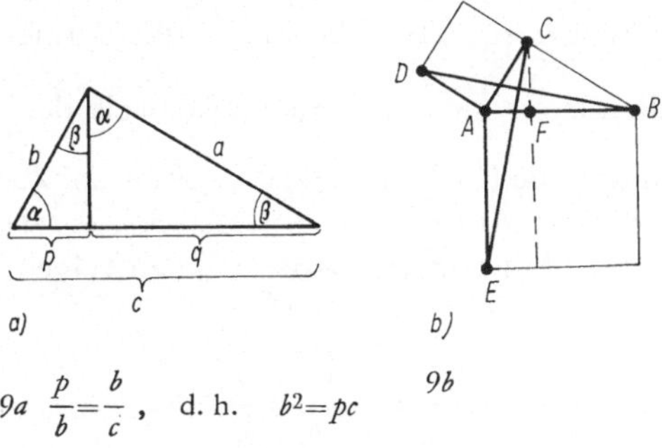

a)

b)

$$9a \quad \frac{p}{b} = \frac{b}{c}, \quad \text{d. h.} \quad b^2 = pc \qquad 9b$$

Semester" schafften und doch mit einem brauchbaren Minimum an Kenntnissen entlassen werden sollten. Euklid fand einen Ausweg, der zwar aus moderner Sicht ein Pseudoausweg ist, aber als methodischer Kniff zu allen Zeiten die Bewunderung der berühmtesten Mathematiker hervorgerufen hat. Ihm liegt die in Abb. 10 gezeigte Figur zugrunde, die man auf Grund der über lange Zeiträume allgemeinen Vertrautheit mit mindestens Buch I der *Elemente* geradezu als graphisches Erkennungszeichen der euklidischen *Elemente* ansehen kann. In bezug auf diese Figur gilt $\triangle ABD \cong \triangle AEC$ wegen $AD \cong AC$ ($=b$), $AB \cong AE$ ($=c$) und $\sphericalangle DAB \cong \sphericalangle CAE$ ($=90° + \sphericalangle CAB$), folglich ist Fläche ($\triangle ABD$) = Fläche ($\triangle AEC$), d. h. das Produkt aus Grundseiten und Höhen ist für beide Dreiecke gleich. Für Dreieck $ABD$ ist dies (Grundseite $DA$, zugehörige Höhe $AC$) $b^2$, für Dreieck $AEC$ ist es (Grundseite $AE$, zugehörige Höhe $AF$) $cp$. ($p$ bezeichnet wie üblich den zur Kathete $b$ gehörigen Hypotenusenabschnitt.) Analog findet man $a^2 = cq$ und durch Addition beider Gleichungen $a^2 + b^2 = c\,(p+q) = c^2$. Wo liegt der Pferdefuß dieses scheinbar proportionsfreien Beweises? Euklid operiert mit dem Begriff des Flächeninhalts von Vielecken selbstverständlich als einem a priori gegebenen Begriff, dessen Wert für bestimmte Arten von Flächen es nur zu berechnen gilt. Ausgehend von gewissen stillschweigenden Voraussetzungen über den Flächeninhalt gelangt er genau so, wie es noch heute in der Schule üblich ist, zu der Erkenntnis, daß z. B. der Flächeninhalt eines Dreiecks sich als halbes Produkt einer Seite mit der zugehörigen Höhe ergibt, was dann im oben wiedergegebenen Beweis benutzt wird. Erst im 19. Jh. wurde die Frage nach einer einwandfreien Definition des Flächeninhalts aufgeworfen. Es ergibt sich, daß man diesen in einem ersten Schritt für Dreiecke durch die Formel $\frac{1}{2} \cdot$ Grundseite $\cdot$ Höhe definieren muß und zum Nachweis der Korrektheit dieser Definition die Unabhängigkeit dieses Produktwertes von der willkürlichen Auswahl einer Dreieckseite als Grundseite zu beweisen hat. Mit anderen Worten ist zu zeigen, daß für beliebige Dreiecke gilt

$$\frac{b}{h_c} = \frac{c}{h_b} \quad \text{und entsprechend} \quad \frac{b}{h_a} = \frac{a}{h_b}, \ \frac{c}{h_a} = \frac{a}{h_c}.$$

Der sehr einfache Beweis dafür benutzt zwangsläufig die Ähnlichkeit von rechtwinkligen Dreiecken, die noch einen weiteren Winkel gemeinsam haben, also letztlich die Proportionentheorie. Diesen Zusammenhang konnte Euklid natürlich nicht ahnen.

Es erhebt sich die Frage, warum Euklid dem Buch VI nicht die sehr naheliegende Definition

$$(*) \qquad \frac{a}{b} = \frac{c}{d} \xleftrightarrow{\text{Def}} a \cdot d = b \cdot c$$

zugrunde gelegt hat, die viel einfacher als die Eudoxische ist und von der man leicht nachprüft, daß sie für alle Fragen von Buch VI eine tragfähige Grundlage liefert. Der Sachverhalt als solcher ist in VI.16 klar ausgesprochen:

Stehen vier Strecken in Proportion, so ist das Rechteck aus den äußeren dem Rechteck aus den mittleren gleich. Und wenn das Rechteck aus den äußeren Strecken dem Rechteck aus den mittleren gleich ist, dann müssen die vier Strecken in Proportion stehen.

Es kann nur eine Antwort darauf geben: Buch V zielt auf eine allgemeine Proportionentheorie für Systeme gleichartiger Größen, wie sie z. B. auch von den Flächeninhalten oder von den Rauminhalten gebildet werden. Buch VI ist nur eine, aber keineswegs die einzige beabsichtigte Anwendung dieser Proportionentheorie. Für eine allgemeine Proportionentheorie ist aber die Definition (*) nicht brauchbar, weil in beliebigen Größensystemen im allgemeinen keine Multiplikation definiert ist. Man hätte sich ja z. B. das Produkt zweier Flächen- bzw. Rauminhalte in der geometrischen Denkweise der Griechen als vier- bzw. sechsdimensionale Inhaltsgrößen vorstellen müssen. Einen Ausweg aus dieser Schwierigkeit hat erst die moderne Mathematik gezeigt. Indem ein archimedisches Größensystem, auch wenn es zunächst nur geordnet und additiv ist, aus rational approximierbaren Objekten besteht, läßt sich dort immer eine Multiplikation durch stetige Fortsetzung der für rationale Zahlen erklärten Multiplikation definieren.

## Der analytisch-algebraische Aspekt

Seit der dänische Mathematikhistoriker H. G. Zeuthen 1886 die Bezeichnung geometrische Algebra für die charakteristische Weise der Griechen einführte, algebraische Sachverhalte mittels geometrischer Darstellung der Größen und darauf bezogenen geometrischen Beweisen zu behandeln, ist in der Literatur die Interpretation vorherrschend, die griechischen Mathematiker hätten nach der Entdeckung inkommensurabler Streckenpaare die von den Babyloniern übernommene Algebra retten wollen und sie darum auf einen geometrischen Größenbegriff gegründet. Die Rolle, die die Inkommensurabilität bei der Abwendung der Griechen vom Zahlbegriff gespielt haben mag, soll hier weder weiter diskutiert noch geleugnet werden. Es bleibt aber die Frage: Wozu brauchten die Griechen überhaupt Algebra, und die einzig sinnvolle Antwort scheint uns — in Übereinstimmung mit Zeuthen — zu sein: Um geometrische Sachverhalte komplizierterer Art analytisch behandeln zu können. Sobald man von Geraden und Kreisen zu Kegelschnitten oder anderen höheren Kurven übergeht, können diese in der Regel nur durch Gleichungen zwischen bestimmten beteiligten Strecken definiert werden. In der Tat sind die modernen Kurvengleichungen zwischen kartesischen Koordinaten $x, y$ und auch die Parameterdarstellungen, bei denen $x$ und $y$ beide funktional von einer geeigneten geometrischen (!) Größe $t$ abhängen, sozusagen Spezialfälle einer von den Griechen geschickt gehandhabten „problemorientierten" analytischen Darstellung der sie interessierenden Kurven. Eine Ellipse wurde bei ihnen z. B. durch das Symptom (so das griechische Fachwort für die „Gleichung einer Kurve")

$$\frac{PX \cdot PX}{AX \cdot BX} = \text{const.} \quad \text{(Abb. 10a)},$$

eine Parabel durch das Symptom

$$\frac{PX}{MX} = \frac{AX}{AC} \quad \text{(Abb. 10b)}$$

charakterisiert.

Die erste Stelle in den *Elementen*, an der in klarer Form die algebraische Charakterisierung eines geometrischen Sachverhalts auftritt, ist der Satz des Pythagoras am Ende von Buch I (nebst dem vorbereitenden Kathetensatz). In der Tat besagt er ja, daß die Eigenschaft dreier Punkte, ein rechtwinkliges Dreieck aufzuspannen, genau dann erfüllt ist, wenn zwischen den beteiligten Strecken (den paarweisen Abständen der Punkte) die rein alge-

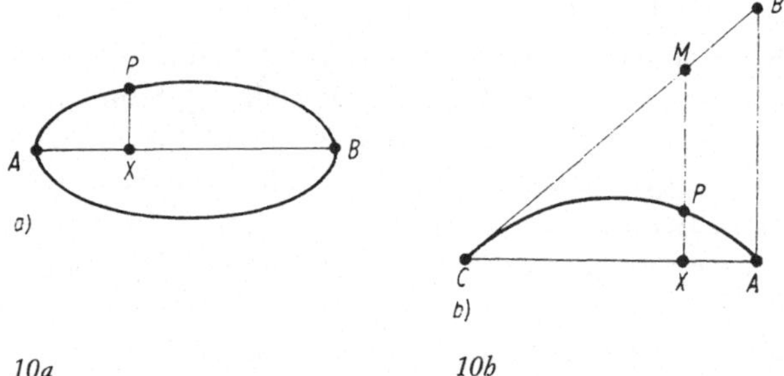

10a        10b

braische Beziehung $a^2 + b^2 = c^2$ erfüllt ist. Es scheint gut vorstellbar, daß Euklid den an dieser Stelle plazierten Satz des Pythagoras geradezu als Einstieg bzw. Motivation für das der geometrischen Algebra gewidmete Buch II benutzt haben könnte, wo nun ganz systematisch die algebraischen Grundeigenschaften der geometrisch interpretierten Addition und Multiplikation von Größen abgehandelt werden.

Die wesentliche Beschränkung der geometrischen Algebra, die erst durch die analytische Geometrie von R. Descartes 1637 durchbrochen werden konnte, liegt in der Beschränkung auf Produkte von höchstens drei Streckenfaktoren (die dann als Volumina zu deuten sind) und in der Addierbarkeit von nur gleichdimensionierten Größen. So ist z. B. eine Gleichung der Form

$$x^2 + px + q = 0$$

in der griechischen Algebra sinnlos, da man nicht ein Rechteck $px$ zu einer Strecke $q$ addieren kann. Die gar nicht hoch genug zu bewertende methodische Anregung, die trotzdem in der geometrischen Algebra der *Elemente* liegt, besteht in der erstmals systematisch vorgeführten Möglichkeit, algebraische Operationen geometrisch zu simulieren, was man durchaus als eine Art primitiver Analogrechentechnik ansehen kann, und umgekehrt geometrische Sachverhalte nach einer gewissen Koordinatisierung einer arithmetisch-algebraischen Behandlung zu unterwerfen. Diese beiden grundverschiedenen, aber dennoch nicht voneinander zu trennenden Aspekte durchziehen seitdem als roter Faden die Geschichte der Geometrie. Der erste Aspekt tritt überall da zutage, wo Sachverhalte, die ursprünglich nicht geo-

4*        51

metrischer Art sind, wie z. B. funktionale Abhängigkeiten, kombinatorisch-graphentheoretische Strukturen und anderes einer geometrischen Veranschaulichung, Darstellung, Simulation unterworfen werden. Der zweite Aspekt zielt auf die letztlich numerische Lösung geometrischer Probleme mittels arithmetisch-algebraischer Kodierung der beteiligten Objekte. In letzter Konsequenz hat er in unseren Tagen zur Computergeometrie geführt.

Das scheinbar schwer einzuordnende Buch X ist in Wirklichkeit eine Fortsetzung der elementaren geometrischen Algebra von Buch II in eine ganz spezielle Richtung, nämlich eine Klassifikationstheorie derjenigen Streckenlängen (Größen), die sich, ausgehend von einer gegebenen Einheitsstrecke, durch sukzessive Konstruktion mit Zirkel und Lineal erhalten lassen. Die in Wirklichkeit unendliche Hierarchie, die sich nach dem Prinzip des Theaitetos ergibt, wird allerdings nach wenigen Schritten abgebrochen, wie Euklid auch sonst, schon aus terminologischen Schwierigkeiten, Erörterungen, die eigentlich beliebig viele Dinge oder eine potentiell unendliche Folge von Dingen oder Möglichkeiten betreffen, stets an einem oder mehreren instruktiven Beispielen abhandelt. Immerhin enthält Buch X bereits eine Anzahl von Unmöglichkeitsbeweisen, die die Nichtdarstellbarkeit gewisser quadratischer Irrationalitäten (d. h. mit Zirkel und Lineal konstruierbarer Größen) durch gewisse einfachere Formen, mit anderen Worten die Echtheit der eingeführten Hierarchie, aussagen.


## Weitere Aspekte

Die Lebens- und Anziehungskraft der *Elemente* über mehr als zwei Jahrtausende wäre kaum zu verstehen, wenn es sich nicht um ein außerordentlich vielschichtiges Werk handeln würde, das immer neuen Generationen in immer anderem Licht erscheinen, immer neue Fragen aufwerfen und beantworten konnte. Ein ordnendes Prinzip ergibt sich vielleicht, wenn man einmal versucht, die vielen mathematischen Aspekte der *Elemente* einzuteilen in globale, d. h. solche, die das gesamte Werk durchdringen, und lokale, d. h. solche, die sich an einzelne Bücher, mitunter an einzelne Propositionen oder Definitionen knüpfen lassen. Als globale Aspekte haben wir hier den konstruktiven und den analytisch-algebraischen Aspekt, als Beispiel eines lokalen Aspekts den Komplex Proportionentheorie-Ähnlichkeit kennengelernt. Ein weiterer globaler Aspekt ist sicher das Vorbild der *Elemente* für den axiomatisch-deduktiven Aufbau von Theorien (auch wenn Euklid hierin mißverstanden worden sein sollte, wie Seidenberg unterstellt), und zwar sowohl für den weiteren Ausbau der in den *Elementen* enthaltenen Theorien als auch für die Gestaltung weiterer — auch außermathematischer — Theorien. Schließlich wollen wir hier, entgegen der Meinung der anscheinenden Mehrheit, ausdrücklich die praktische Anwendbarkeit der *Elemente* und die Ausrichtung auf bestimmte in der Antike aktuelle Anwendungen als globalen Aspekt herausstellen. Z. B. stehen die konstruktiven Kreisteilungen aus Buch IV in direktem Bezug zur messenden Astronomie. Sogar Clemens Thaer, der insgesamt zur Auffassung Euklids als eines überzeugten Platonisten tendiert, hebt den Zusammenhang der von Euklid behandelten 15-Teilung des Vollkreises mit der Neigung der Ekliptik hervor [2, 2. Teil, S. 67]. Auf die Sätze von Buch III wird in der euklidischen Optik umfassend zurückgegriffen, ein beträchtlicher Teil der Proportionentheorie ist schon terminologisch als der antiken Musiktheorie nahestehend ausgewiesen. Von der vordergründigen Notwendigkeit der elementaren ebenen und räumlichen Geometrie für alle Bereiche der antiken Technik wollen wir hier nicht weiter reden, jedoch hat gerade das auf Euklid folgende Jh. die meisten schöpferischen und erfolgreichen Techniker der Antike hervorgebracht: Archimedes, Ktesibios, Philon, die alle mit hoher Wahrscheinlichkeit zu den Schülern des Museions gehörten.

Von den lokalen Aspekten seien hier außer der Theorie der regulären Polyeder und der mannigfachen zahlentheoretischen Anregung der Jahrhunderte während Streit um den sogenannten Kontingenzwinkel (das ist der Winkel zwischen Kreis und Kreistangente) erwähnt, von dem Euklid in III.16 sagt, daß er kleiner sei als jeder Winkel mit geradlinigen Schenkeln. Dieser Kontingenzwinkel diente den Anhängern der Existenz „unendlich kleiner, aber von 0 verschiedener Größen" als Modell, während andere ihn gleich 0 setzten. So fand jede Epoche ihren speziellen Zugang zu den *Elementen* und ihre speziellen Probleme darin. So schockierend es für manchen sein mag: Das Parallelenproblem, das nach jahrtausendelanger Bearbeitung die nichteuklidische Geometrie hervorbringen sollte und damit die bisher umfassendste Revolution mathematischen Denkens auslöste, ist aus der Sicht der *Elemente* ein lokales Problem, denn es bezieht sich ja auf ein einzelnes Postulat und seine Rolle. Daß Euklid etwas von der besonderen Problematik dieses Postulats gespürt hat, geht am deutlichsten daraus hervor, daß er seine Verwendung so weit wie möglich hinausschob. Es wird erstmals in I.29 benutzt, alle vorhergehenden Sätze gehören — modern gesagt — der „absoluten Geometrie" an, und es spricht für das Problembewußtsein Euklids, daß er dort auch solche Sätze mühevoll beweist, die sich später als triviale Folgerungen aus Sätzen ergeben, die mit Hilfe des 5. Postulats bewiesen werden können. Das spektakulärste Beispiel dafür ist I.16 (Satz vom Außenwinkel) und I.17 (Summe zweier Winkel im Dreieck ist kleiner 2R), die später durch I.32 (Satz über die Winkelsumme) aufgehoben werden.

Wir brechen die Erörterung inhaltlicher Aspekte der *Elemente* hier ab, da weitere Details in den historischen Zusammenhang der Tradierungsgeschichte eingeordnet werden sollen.

# Die weiteren Werke Euklids

## Überblick

Außer den *Elementen* wurden dem Euklid (mit größerer oder geringerer Sicherheit, zum Teil fälschlich) folgende Werke zugeschrieben:

A. „Reine" Mathematik

1. Die *Data* (griech.: Dedomena, deutsch: gegebene Dinge). Sie schließen sich inhaltlich so eng an die *Elemente* an, daß die Verfasserschaft Euklids unbestreitbar ist, und werden im folgenden ausführlicher besprochen.

2. Eine Schrift *Über die Teilung* (von Figuren), die nur in arabischer Fassung erhalten blieb und im folgenden ebenfalls näher vorgestellt wird.

3. Die *Porismen* (Titel unübersetzbar) sind verloren. Gewisse umstrittene Aufschlüsse über den Inhalt vermitteln Pappos und Proklus. Dies wird im folgenden näher erörtert.

4. Eine verlorene Schrift über Flächen im Raum als geometrische Örter. Simon schreibt dazu:

Was ein geometrischer Ort ist, wird schon von Proclus gerade so wie heute definiert: die Gesamtheit aller Punkte, denen ein und dieselbe bestimmte Eigenschaft (Symptom) zukommt; und jenachdem diese Gesamtheiten eine Linie oder Fläche bilden, heißen sie Linien- oder Flächenorte. Die Schrift des Euclid scheint nach Angaben des Pappus wesentlich die Ortseigenschaften der Cylinder-, Kegel- (und Kugel)fläche behandelt zu haben. Sie scheint in der bedeutenden Arbeit des Archimedes über Konoide und Sphäroide aufgegangen zu sein. (1901, S. 4, vgl. auch [124], S. 234)

5. Eine verlorene Schrift *Pseudaria* (deutsch: Trugschlüsse), deren Inhalt vermutlich eine antike Variante solch wohlbekannter Bücher wie *Wo steckt der Fehler* von W. Lietzmann war.

6. Eine verlorene Kegelschnittslehre *Konika* in 4 Büchern, die von der wenig später entstandenen und wesentlich umfassenderen Kegelschnittslehre des Apollonios von Perge (um 262–190) verdrängt wurde. Man hat guten Grund anzunehmen, daß die *Konika* Euklids inhaltlich ungefähr mit den ersten drei von acht Büchern der *Konika* des Apollonios übereinstimmten. Pappos schreibt geradezu:

Apollonios vervollständigte die 4 Bücher des Euklid über Kegelschnitte und fügte vier weitere hinzu. [Collectio, ed. Hultsch, II, S. 672]

Aus den Bemerkungen von Pappos geht weiter hervor, daß die *Konika* Euklids ihrerseits wahrscheinlich eine Bearbeitung der heute ebenfalls verlorenen Kegelschnittslehre seines älteren Zeitgenossen Aristaios waren und daß Aristaios von Euklid ausdrücklich als der Originellere auf diesem Gebiet anerkannt wurde. Dies würde die These stützen, daß die Werke Euklids weniger als „Veröffentlichungen" eigener Ergebnisse, sondern als Lehrmaterial für die Ausbildung am Museion anzusehen sind.

B. „Angewandte" Mathematik

7. Die *Optika* (worunter hier im wesentlichen geometrische Perspektive zu verstehen ist) ist im griechischen Originaltext und einer um 370 von Theon redigierten Fassung erhalten. Sie wird im folgenden näher vorgestellt.

8. An einer Stelle der *Optik* beruft sich Euklid darauf, daß in der Theorie der Spiegel (*Katoptrik*) die Gleichheit von Einfalls- und Ausfallswinkel der Sehstrahlen an ebenen Spiegeln begründet wird. Da Euklid öfter auf eigene Werke, aber nie explizit auf die von anderen Gelehrten verweist (vielleicht weniger aus Eitelkeit als wegen der vorrangigen Zugänglichkeit seiner eigenen Schriften im Lehrbetrieb des Museions), ist dies neben der Behauptung von Proklus der einzige schlüssige Hinweis auf die Existenz einer *Katoptrik* von Euklids Hand, die aber anscheinend verloren ist. Die jahrtausendelang als von Euklid stammend angesehene und oft gemeinsam mit seiner *Optik* herausgegebene und kommentierte *Katoptrik* stammt jedoch nach Meinung maßgeblicher Philologen wahrscheinlich von dem bereits erwähnten spätantiken Euklid-kompilator Theon und beruht vermutlich mehr auf Vorlagen von Archimedes und Heron als auf der ursprünglichen *Katoptrik* von Euklid. Übrigens wurde die Bezeichnung Katoptrik für die Theorie der Spiegel zusammen mit der Bezeichnung Dioptrik für die Theorie der Linsen erst von Heron eingeführt.

9. Eine erhaltene Schrift *Phaenomena*, in der mit engem Bezug zur Verwendung in der sphärischen Astronomie Elemente der sphärischen Geometrie behandelt werden. Die *Phaenomena* enthalten 18 Propositionen und lehnen sich eng an eine Sphärik des Autolykos von Pitane an, der ebenfalls ein etwas älterer Zeit-

genosse Euklids gewesen ist. Man könnte hier sinngemäß wiederholen, was über die Beziehung der euklidischen *Konika* zu den von Aristaios geschriebenen gesagt wurde. Bemerkenswert ist jedoch, daß im Unterschied zur Geschichte der verschiedenen Kegelschnittslehren sowohl die Sphärik des Autolykos als auch die des Euklid als auch die darauf aufbauende, wesentlich ausführlichere Sphärik des Theodosius von Tripolis (um 100 v. u. Z.) erhalten geblieben sind. Vermutlich hängt dies mit der gegenüber der mehr theoretischen Kegelschnittslehre weithin ausgeübten Astronomie zusammen, deren Charakter als angewandte Wissenschaft für eine viel stärkere Vervielfältigung und Verbreitung der einschlägigen Literatur gesorgt haben dürfte.

10. Proklus erwähnt eine Schrift Euklids über die Elemente der Musik (Harmonielehre), und in Anbetracht des von den Pythagoräern begründeten Kanons der vier mathematischen Lehrgebiete ist es sehr wahrscheinlich, daß es eine solche Schrift gegeben hat. In alten Ausgaben der Werke Euklids kommen zwei Schriften musiktheoretischen Charakters vor, die aber nicht beide vom selben Autor stammen können, da sie auf entgegengesetzten Auffassungen beruhen. Die Schrift *sectio canonis* (griech. katatome kanonos) legt die pythagoräische Theorie dar, wonach die musikalischen Intervalle durch die Verhältnisse der Längen der schwingenden Saiten bestimmt werden. Sie harmonisiert in gewissem Maße terminologisch und inhaltlich mit dem mathematischen Apparat der Proportionentheorie der *Elemente*. Die ebenfalls zeitweise dem Euklid zugeschriebene *Einführung in die Harmonie-*(lehre) (griech. eisagoge armonike) basiert auf der Theorie des Aristoxenes von Tarent (um 354–300), eines Schülers des Aristoteles, wonach die harmonischen Intervalle von der Physiologie des Ohres bestimmt werden. Heute neigen die Philologen dazu, die letztgenannte Schrift dem Kleonides, einem Schüler des Aristoxenes, zuzuschreiben.

11. Es ist sehr wahrscheinlich, daß Euklid auch eine Schrift bzw. ein Vorlesungsmanuskript über Mechanik verfaßt hat. Zur Zeit sind drei Fragmente bekannt, die sich inhaltlich ergänzen und Bruchstücke einer euklidischen Mechanik sein könnten. Als erster nahm Johannes Herwagen (Hervagius) in seine Werkausgabe von 1537 ein Fragment von möglicherweise euklidischem Ursprung *De levi et ponderoso* (Vom Leichten und Schweren) auf.

1900 publizierte Curtze ein in Dresden gefundenes Fragment *Liber Euclidis de gravi et levi et de comparatione corporum ad iuvicem*, das inhaltlich mit dem erstgenannten Fragment übereinstimmt, aber sprachlich völlig abweicht. Ein Stück des gleichen Textes fand Duhem in Paris. Ein weiteres Manuskript wurde in der Bodleian Library in Oxford gefunden und 1952 von Moody und Clagett publiziert. 1851 veröffentlichte Woepcke ein von ihm in Paris gefundenes arabisches Fragment mit dem Titel *Euklids Buch über das Gleichgewicht*. Es ist in seinem Vorgehen euklidisch, da es auf evidenten bzw. experimentell leicht prüfbaren Axiomen über den Hebel beruht. Als dritter Teil existiert ein ebenfalls in Paris von Duhem gefundenes kleines Fragment von nur 4 Sätzen über die Kreise, die von den Endpunkten eines Hebels beschrieben werden. Falls es zutrifft, daß eines oder mehrere dieser Fragmente ihren Ursprung in einer euklidischen Schrift über Mechanik haben, so ist daran vor allem die deutlich von der Mechanik des Aristoteles abweichende Tendenz bemerkenswert. Außerdem enthalten die erstgenannten zwei Bruchstücke im wesentlichen den Begriff des spezifischen Gewichts, dessen Entdeckung sonst Archimedes zugeschrieben wird. Falls Archimedes in dieser Sache einen Vorläufer gehabt hat, verliert die berühmte „Heureka"-Anekdote erheblich an Glaubwürdigkeit. Dies dient manchen Autoren als Argument gegen den euklidischen Ursprung der genannten Schriften.

## Die Data

Die Data beginnen mit 12 Definitionen, in denen u. a. erklärt wird, wann ein (geometrisches) Objekt der Größe nach bzw. der Gestalt nach bzw. der Lage nach gegeben ist. Den Hauptteil bilden 94 Propositionen, die fast alle die folgende Form haben: Wenn gewisse Objekte in der und der Weise gegeben sind, dann ist ein gewisses anderes (von ihnen abhängiges) Objekt in der und der Weise gegeben, zum Beispiel

§ 39: Sind alle Seiten eines Dreiecks der Größe nach gegeben, so ist das Dreieck der Gestalt nach gegeben.

Zu jeder dieser Aussagen wird eine Begründung angegeben, die im allgemeinen auf entsprechende Sätze aus den *Elementen* verweist und daher keinen eigentlichen Beweis darstellt. Das Ganze wirkt auf den ersten Blick wie eine Art Kompendium mit dem Zweck, das für die Lösung von Konstruktionsaufgaben Wesentliche aus den *Elementen* in Gestalt handlicher Regeln zusammenzufassen. In der Tat sind die *Data* stets so aufgefaßt und bis ins 17. Jh. neben den *Elementen* intensiv genutzt worden. Daher gehören sie auch zu den am häufigsten (und meist mit den *Elementen* gemeinsam) gedruckten Werken Euklids. So schreibt noch Simon 1901:

Dem Inhalt nach gehen die *Data* nicht über die *Elemente* hinaus, doch war eine solche Zusammenstellung praktisch in hohem Grade wertvoll für die Anwendung der seit Platon sich immer mehr ausbreitenden analytischen Methode, deren Wesen gerade darin besteht, die durch die gegebenen Stücke mitbestimmten Punkte, Linien, Figuren aufzusuchen, bis man zu einer konstruierbaren Nebenfigur gelangt. Die *Data* sind daher eine eng an die *Elemente* sich anschließende Anleitung zum Konstruieren nach der analytischen Methode, etwa entsprechend unserm Petersen.[6] (1901, S. 2 f., vgl. auch [124], S. 231 f.)

Wir wollen diese Interpretation, die durch Propositionen wie etwa

§ 28. Ist ein Punkt $P$ und eine Gerade $g$ gegeben, so ist auch die Parallele durch $P$ zu $g$ gegeben.

§ 29. Ist ein Punkt $P$, eine Gerade $g$ durch $P$ und ein Winkel $\alpha$ der Größe nach gegeben, so ist auch diejenige Gerade gegeben, die $g$ in $P$ unter dem Winkel $\alpha$ schneidet.

unbezweifelbar wird, hier erstmals durch eine weitergehende Deutung der *Data* ergänzen. Falls sie zutrifft, ist Euklid seiner Zeit in bestimmter Weise weit vorausgeeilt und wohl schon von den folgenden Generationen nicht mehr voll verstanden worden, was schließlich sogar zur Verstümmelung des Textes führte, der bei unserer Lesart an manchen Stellen zu korrigieren ist. (Aus dem Bericht von Pappos über die *Data* und anderen Anzeichen geht ohnehin hervor, daß der uns heute zugängliche Text der *Data* nicht der ursprüngliche ist.)

Während die geometrischen Konstruktionsaufgaben der *Elemente* sich ausnahmslos auf solche Objekte beziehen, die wie Punkte, Geraden, Kreise, Dreiecke unmittelbar sinnlich wahrnehmbar

---

[6] Gemeint ist das Buch *Methoden und Theorien zur Lösung geometrischer Constructionsaufgaben* von J. Petersen, Kopenhagen 1879, das erste systematische Buch der Neuzeit über geometrische Konstruktionen.

sind, handeln die *Data* überwiegend von Objekten einer nächsthöheren Abstraktionsstufe: Es sind Äquivalenzklassen von sinnlich wahrnehmbaren Objekten bezüglich verschiedener Äquivalenzrelationen. Z. B. ist dort von Strecken(längen)verhältnissen die Rede. Ein solches Verhältnis läßt sich nach moderner Auffassung als eine Äquivalenzklasse $\overline{(a, b)}$ von Streckenpaaren $(a, b)$ bezüglich der Äquivalenzrelation

$$(a,\, b) \sim (c,\, d) \xleftrightarrow[\text{Def}]{} \frac{a}{b} = \frac{c}{d}$$

definieren. Freilich setzt die moderne Auffassung, durch die wir so bequem neue Objekte von beliebiger Abstraktionshöhe „konstruieren" können, die extensionale Auffassungsweise abstrakter mathematischer Objekte voraus, die explizit erst gegen Ende des 19. Jh. durch die Cantorsche Mengenlehre fundiert wurde. Dementsprechend quält Euklid sich deutlich damit ab zu erklären, was ein Verhältnis ist:

Def. 2. Ein Verhältnis ist gegeben, wenn wir uns das mit ihm zusammenfallende verschaffen können.

Wir würden dies vielleicht so formulieren: Ein Verhältnis wird immer durch einen konkreten Repräsentanten $(a,\, b)$, also ein bestimmtes Paar von Strecken, gegeben, wobei es aber nicht auf dieses spezielle Paar ankommt. Es könnte ebensogut $(c,\, d)$ gegeben sein, wenn nur $\frac{a}{b} = \frac{c}{d}$ ist. Über die Verhältnisse wird dann z. B. in § 2 ausgesagt:

Wenn eine gegebene Größe zu irgendeiner weiteren Größe gegebenes Verhältnis hat, so ist auch diese Größe gegeben.

Wir interpretieren dies so: Ist die Strecke $a$ und das Verhältnis $\overline{(a,\, b)}$, aber etwa durch das Paar $(c,\, d)$ gegeben, so ist auch $b$ gegeben, da man nämlich durch flächengleiche Verwandlung von Rechtecken konstruktiv aus $a, c, d$ dasjenige $b$ mit $\frac{a}{b} = \frac{c}{d}$ bestimmen kann.

Trifft unser Deutungsversuch zu, so sind unter den in den *Data* vorkommenden „der Größe nach gegebenen" Flächen Äquivalenzklassen von inhaltsgleichen konkreten Figuren zu verstehen, die zwar immer durch einen konkreten Repräsentanten gegeben sind, auf den es aber eigentlich nicht ankommt. Er ist nur das Mittel, um einen abstrakten „Flächeninhalt" mitzuteilen. Analog ist eine „der Gestalt nach" gegebene Figur eine Äquivalenzklasse von untereinander ähnlichen Figuren, die zwar wieder durch eine konkrete Figur mitgeteilt wird, die jedoch nur Kode für eine abstrakte „Form" ist. Schließlich kann man aus den von diesem Begriff gemachten Anwendungen schließen, daß Euklid unter einer „der Lage nach gegebenen" Figur zwar in manchen Fällen eine konkrete Figur, in anderen jedoch eine Äquivalenzklasse von paarweise durch Translation ineinander überführbaren Figuren versteht, insbesondere unter einer der Lage nach gegebenen Strecke eine durch Länge und Richtung gegebene Klasse von Strecken. Er sagt nämlich

§ 27. Wenn von einer der Lage nach gegebenen Strecke der eine Endpunkt gegeben ist, so muß auch der andere Endpunkt gegeben sein.

Dies ist offenbar sinnlos, wenn man hier unter „der Lage nach gegeben" von vornherein die konkrete Strecke versteht. Gehen wir noch einen Schritt weiter, so handeln die *Data* größtenteils von Algorithmen, deren Bearbeitungsobjekte gewisse „Datenstrukturen" im Sinne der Computerwissenschaft sind, also nicht einzelne Zahlen o. ä., sondern komplizierte Listen, Matrizen o. ä. von einzelnen Daten, bei denen es im allgemeinen nicht auf die einzelnen Komponenten, sondern auf deren Gesamtheit bezüglich gewisser zwischen ihnen bestehender Beziehungen ankommt. Die Art und Weise, wie hier vermittels konkreter Daten Objekte weit abstrakterer Art vom Computer verarbeitet werden, ist auch heute noch für den mathematisch weniger geschulten Computernutzer ein Buch mit sieben Siegeln. So scheint es auch den Schülern und Nachfolgern Euklids ergangen zu sein, aber wir haben durch unsere – zugegeben kühne – Gedankenbrücke auch terminologisch eine Verbindung zwischen den *Data* und der Datenverarbeitung hergestellt.
Die §§ 87 bis 93 handeln in verkappter Form vom Begriff der Potenz eines Punktes $P$ bezüglich eines Kreises $k$, dessen abstrakter Charakter als Äquivalenzklasse darin besteht, daß er zwar konkret immer durch eine bestimmte Gerade durch $P$ bestimmt

werden muß, die $k$ in den Punkten $A$, $B$ schneidet (oder im Fall $A = B$ berührt), wobei es aber auf die spezielle Gerade und damit auch auf die speziellen Punkte $A$, $B$ nicht ankommt, weil nach *Elemente* III.35/36 für alle derartigen Geraden das (vorzeichenbehaftete) Produkt $PA \cdot PB$ stets gleich (nämlich die Potenz von $P$ bezüglich $k$) ist. Da Euklid den Begriff der vorzeichenbehafteten Größe natürlich nicht kennt, muß er die Fälle, daß $P$ innerhalb bzw. außerhalb $k$ liegt, getrennt behandeln. Jedoch deutet die unmittelbare Nachbarschaft der betreffenden Propositionen auf ein intuitives Erfassen der Zusammengehörigkeit dieser Fälle hin. § 92 der *Data* lautet nun allerdings in der Übersetzung von Thaer:

Nimmt man innerhalb eines der Lage nach gegebenen Kreises irgendeinen gegebenen Punkt und zieht durch den Punkt irgendeine gerade Linie zum Kreise durch, so ist das Rechteck aus den Abschnitten der gezogenen Linie gegeben.

Dies ist zwar richtig, aber so überaus trivial, und die Gesamtheit der Voraussetzungen wird bei dieser Formulierung so wenig beachtet, daß es kaum glaubhaft erscheint, daß Euklid dies wirklich so gemeint hat. Nach unserer Interpretation müßte der Text etwa lauten: Nimmt man innerhalb eines der Lage nach gegebenen Kreises irgendeinen gegebenen Punkt, so ist das Rechteck aus den Abschnitten ($PA$, $PB$) für eine beliebige durch diesen Punkt gezogene Kreissehne ($AB$) gegeben. Es handelt sich also im wesentlichen lediglich um eine Umstellung der vorhandenen Satzbestandteile bzw. sachlich darum, daß in der ersten Formulierung die Kreissehne implizit zu den gegebenen Stücken gezählt wird, während sie bei der zweiten Formulierung den Charakter eines willkürlich wählbaren Hilfsobjektes bewahrt, welches das nur von den gegebenen Objekten $P$ und $k$ abhängige Resultat nicht beeinflußt.

Erwähnenswert ist noch, daß in den *Data* im Zusammenhang mit den Betrachtungen zur Potenz die heute allgemein übliche Konstruktion der Tangenten von einem gegebenen Punkt an einen gegebenen Kreis mittels des durch $P$ und den Kreismittelpunkt gelegten Thaleskreises benutzt wird, während in den *Elementen* selbst die Tangenten in III.17 zunächst auf eine andere Art konstruiert werden. Der Thalessatz tritt dort erst als III.31 auf. Demnach hat Euklid in den *Elementen* auf die auch ihm bekannte und bequeme Tangentenkonstruktion bewußt verzichtet, um die Existenz der Tangenten möglichst früh konstruktiv beweisen zu können. Dies illustriert ein weiteres Mal die Fülle sorgfältiger methodischer Details in den *Elementen*.

## Über die Teilung von Figuren

Diese Schrift wird in der Aufzählung der Werke Euklids von Proklus erwähnt. Sie ist nicht in griechisch erhalten, aber alle 36 Resultate und die vollständigen Beweise von vier dieser Propositionen finden sich in einer arabischen Übersetzung, die 1851 von Woepke [163] entdeckt und publiziert wurde. Die fehlenden Beweise kann man aus der *Practica geometriae* von Fibonacci (1170– nach 1240) entnehmen, von der heute klar ist, daß sie auf einem damals noch existenten, aber inzwischen wohl verlorenen vollständigen Text der euklidischen Schrift basiert. Aus den genannten Quellen hat R. C. Archibald die Schrift 1915 rekonstruiert [7].

Das *Buch über die Teilungen* (griech.: peri diaireseon biblion), so der Originaltitel, behandelt Aufgaben, gegebene Dreiecke, Parallelogramme, Trapeze, in einem Fall einen Kreis, durch jeweils eine zu konstruierende Gerade in Teilfiguren zu zerlegen, die eine gegebene Form haben oder deren Flächeninhalte in einem gegebenen Verhältnis stehen o. ä. Dabei soll die gesuchte Gerade durch einen gegebenen Punkt gehen oder eine gegebene Richtung haben o. ä. Am Anfang enthält die Schrift einige Hilfssätze aus der geometrischen Algebra, von denen gleich klar werden soll, wozu sie gebraucht werden. Wir behandeln nun drei typische Beispiele.

§ 19. Ein gegebenes Dreieck $ABC$ mittels einer durch den inneren Punkt $D$ dieses Dreiecks gehenden Geraden in zwei flächengleiche Teilstücke zu zerlegen.

Lösung: Mit $A, B, C, D$ ist auch der Schnittpunkt $E$ der Parallelen durch $D$ zu $AB$ mit $AC$ gegeben (Abb. 11), und es ist

$$\frac{GE}{GA} = \frac{ED}{AH}, \quad \text{wobei} \quad GE = GA - EA.$$

Außerdem soll $AG \cdot h_1 = \frac{1}{2} \cdot AC \cdot h_2$ sein, wobei $\dfrac{h_1}{h_2} = \dfrac{AH}{AB}$

ist. Setzen wir der Übersichtlichkeit halber $AG=x$, $AH=y$, $AC=b$, $AB=c$, $EA=e$, $ED=d$, so haben wir $(x-e)y=xd$ und $xy=\frac{1}{2}bc$ zu lösen, was sich auf $(x-e)\cdot\frac{bc}{2}=x^2\cdot d$ reduzieren läßt. Euklid konstruiert nun eine Lösung $x=AG$ dieser Gleichung nach den Methoden der geometrischen Algebra. Aus der Lösungsmethode geht hervor, daß der Faktor $\frac{1}{2}$ durch jeden beliebigen anderen Faktor ersetzt werden kann. Euklid demonstriert dies indirekt, indem er in der nächsten Proposition den Fall $\frac{1}{3}$ behandelt.

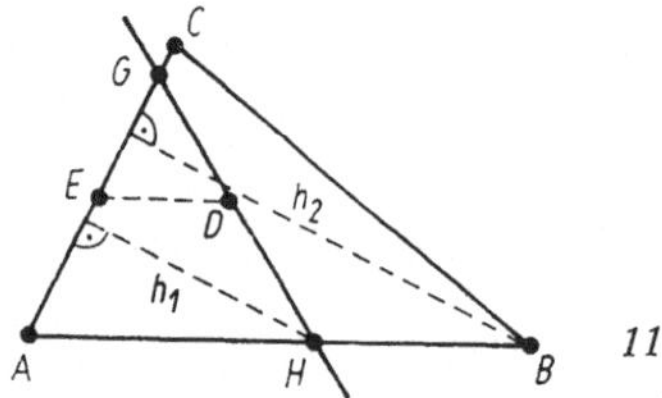

11

§ 28. Eine gegebene Figur bestehe aus dem Dreieck $ABC$ und dem Kreisabschnitt $AEB$ (Abb. 12). Sie soll durch eine durch den Mittelpunkt $E$ von $AEB$ gehende Gerade in zwei flächengleiche Teile zerlegt werden.

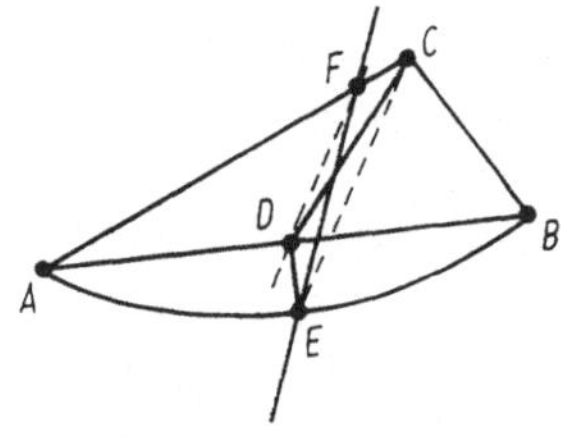

12

Lösung: Sei $D$ der Mittelpunkt von $AB$, $DE$ senkrecht zu $AB$. Offenbar halbiert der Streckenzug $CDE$ die gegebene Fläche. Man verbinde $C$ mit $E$ und ziehe dazu die Parallele durch $D$, die $AC$ in $F$ schneidet. Nun haben die Dreiecke $ECD$ und $ECF$ bezüglich der Basis $EC$ die gleiche Höhe, sind also flächengleich. Demnach sind flächengleich Dreieck $ECF \cup$ Figur $EBC$, Dreieck $ECD \cup$ Figur $EBC$, Figur $EDCA$, d. h. $EF$ halbiert die gegebene Figur.

Die einzige Proposition, die sich mit der Teilung eines Kreises
beschäftigt, ist

§ 29. In einen gegebenen Kreis sind zwei parallele Sehnen zu ziehen, die ein
Drittel des Kreises ausschneiden.

Lösung: Sei $M$ der Mittelpunkt des gegebenen Kreises. Man
konstruiere zwei Peripheriepunkte $A$, $B$ so, daß $\sphericalangle AMB = 120°$
(Abb. 13). Ferner sei $D$ der Mittelpunkt des Bogens $AB$ und $C$ ein
Schnittpunkt der durch $M$ zu $AB$ gezogenen Parallelen mit dem
Kreis. Dann lösen die Sehne $BC$ und die zu ihr durch $D$ gezogene
Parallele $DE$ die Aufgabe. Aus Symmetriegründen sind nämlich
die Bogen $AD$, $DB$ und $CE$ gleich. Deshalb ist Kreisabschnitt
$DECBD$ gleich Kreisabschnitt $ACBDA$. Nimmt man von
$DECBD$ den Abschnitt $BC$ weg, so erhält man die von den
konstruierten Sehnen ausgeschnittene Teilfigur. Nimmt man von
$ACBDA$ denselben Abschnitt $BC$ weg, so bleibt eine Figur
übrig, die aus dem Dreieck $ABC$ und dem Kreisabschnitt $ABD$
besteht. Hierbei ist aber Dreieck $ABC$ flächengleich zu Dreieck
$ABM$, da beide bezüglich der Basis $AB$ die gleiche Höhe haben.
Folglich ist das von den Sehnen ausgeschnittene Stück flächengleich der Vereinigung von Abschnitt $ABD$ und Dreieck $ABM$,
mithin zum Sektor $ABM$, der gerade ein Drittel des Kreises beträgt.

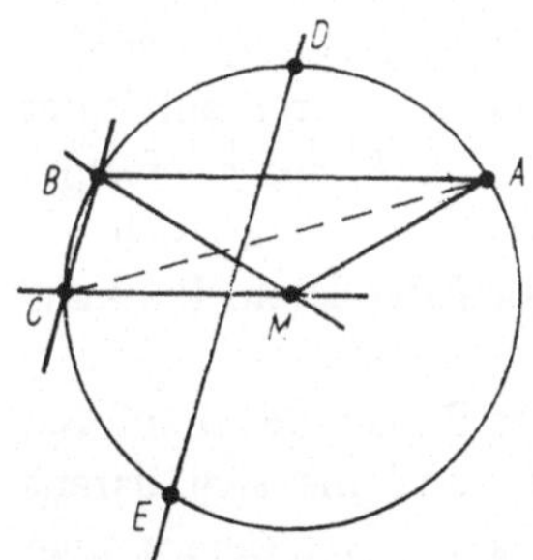

13

## Die drei Bücher über Porismen

Sie sind, wie bereits bemerkt, verloren. Nach Pappos enthielten
sie 171 Propositionen und 38 Lemmata (Hilfssätze) dazu. Aus
den Kommentaren von Pappos und Proklus zu den Porismen

geht hervor, daß es über die Bedeutung des Terminus Porisma schon in der Antike keine Klarheit gab. Zahlreiche Mathematiker der Neuzeit, u. a. A. Girard, P. de Fermat, R. Simson, J. Playfair und M. Chasles, haben sich darum bemüht, den Sinn und Inhalt der Porismen zu rekonstruieren. Den ausführlichsten Wiederherstellungsversuch unternahm der französische Geometer und Mathematikhistoriker Chasles 1860. [39] Die Geschichte des Streites um die Porismen Euklids ist ausführlich in [34] dargestellt. Den Wortlaut der von Pappos in seiner Collectio zu den Porismen gemachten Bemerkungen findet man in engl. Übersetzung z. B. in [15].

Aus mathematischer Sicht ist heute diejenige Deutung am wahrscheinlichsten, die hinter den Porismen Euklids eine Anzahl tieferliegender Charakterisierungen von Geraden und Kreisen als geometrische Örter vermutet. Sie sind daher vermutlich von hohem Nutzen für die Lösung anspruchsvollerer Konstruktionsaufgaben gewesen, und aus ebendiesem Grunde besprach Pappos sie im VII. Buch seiner Enzyklopädie *Collectio* (griech. *Syntaxis*), in dem unter dem Titel „Schatzkammer der Analysis" alle diejenigen Schriften erläuternd und referierend behandelt wurden, die der analytischen Lösung von Konstruktionsproblemen dienen. Nach Pappos lassen sich die ersten 10 Porismen Euklids zu folgendem Sachverhalt zusammenfassen:

Wenn in einem System von vier Geraden $g_1$, $g_2$, $g_3$, $g_4$, die sich paarweise in insgesamt 6 Punkten schneiden, drei auf einer Geraden liegende Schnittpunkte (etwa $P$, $Q$, $R$ auf $g_1$) festgehalten werden und zwei der übrigen (etwa $A$ und $B$) sich auf gewissen Geraden bewegen, so bewegt sich der letzte Punkt $C$ auch auf einer gewissen Geraden.

Betrachtet man eine zweite Lage $A'$, $B'$ der Punkte $A$, $B$ auf den für sie vorgeschriebenen Geraden $g_a$, $g_b$, und die sich daraus ergebende Lage des zugehörigen Punktes $C'$, so erkennt man leicht, daß es sich bei der von Pappos gegebenen Interpretation um eine etwas ungewohnte Formulierung des berühmten Satzes von G. Desargues handelt, der in der projektiven Geometrie eine zentrale Rolle spielt und für unsere Zwecke z. B. wie folgt formuliert werden kann:

Liegen zwei Dreiecke $ABC$ und $A'B'C'$ so, daß die Schnittpunkte $P$, $Q$, $R$ von $AB$ mit $A'B'$ bzw. von $BC$ mit $B'C'$ bzw. von $AC$

mit $A'C'$ sich auf einer Geraden $(g_1)$ befinden, so gehen die Geraden $AA'$ $(=g_a)$, $BB'$ $(=g_b)$, $CC'$ $(=g_c)$ entweder durch einen gemeinsamen Punkt $Z$ oder sie sind paarweise parallel (Abb. 14).

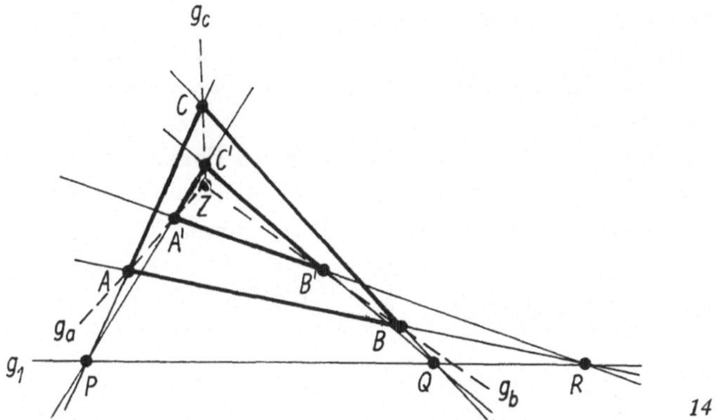


14

In der Tat, wenn man schon weiß, daß die „Bahn" $g_c$ des Punktes $C$, die durch geradlinige Bahnen $g_a$, $g_b$ von $A$ bzw. $B$ erzwungen wird, ebenfalls eine Gerade ist (und insofern ist hier die Gerade auf neue Weise als ein geometrischer Ort charakterisiert), und dabei $g_a$, $g_b$ sich in einem Punkt $Z$ schneiden, so ist leicht einzusehen, daß auch $g_c$ durch $Z$ gehen muß, da sich $A$, $B$, $C$ in diesem Fall beliebig nahekommen könen. Sind andererseits $g_a$ und $g_b$ parallel, so kann $g_c$ weder mit $g_a$ noch mit $g_b$ einen Punkt gemeinsam haben, weil das beliebige Nahekommen von zweien der drei Punkte $A$, $B$, $C$ jeweils auch den dritten zur selben Grenzlage zwingt.

Während der Satz von Desargues aber sozusagen statisch die Lage zweier (gern als perspektiv gelegen bezeichneter) Dreiecke herausgreift, liegt der Auffassung von Pappos, von der wir leider nicht wissen, inwieweit sie seine eigene ist oder schon bei Euklid vorlag, die Vorstellung eines „Mechanismus" aus geraden Schienen oder Stangen mit teils beweglichen, teils fixierten Verbindungsnieten zugrunde, die sich sehr viel später als überaus fruchtbar erweisen sollte. (Zur modernen Theorie der Mechanismen sei der Leser auf [118, Kap. 3] und dort angegebene Literatur verwiesen.) Pappos vertritt darüber hinaus die Ansicht, Euklid habe absichtlich nur die einfachsten Fälle eines viel allgemeineren Satzes formuliert:

Sind $n$ Geraden so gelegen, daß von den $\dfrac{n\,(n-1)}{2}$ paarweisen Verbindungspunkten $n-1$ auf einer gewissen dieser Geraden liegende festgehalten werden, während sich $n-2$ weitere auf gewissen Geraden bewegen können, so bewegen sich (abgesehen von gewissen Entartungsfällen) die restlichen Punkte auch auf Geraden.

Selbst wenn Pappos hier recht viel Eigenes hineininterpretiert haben sollte, ist das Finden und erst recht das Beweisen derartiger Sätze, die völlig aus dem Rahmen antiker Geometrie fallen, eine bewundernswerte Leistung, und wir müssen es sehr bedauern, daß wir das vielleicht originellste Werk des Euklid nicht besser kennen.


## Die Optik

Die *Optik* ist das älteste erhaltene antike Werk zur geometrischen Perspektive. Wie die *Elemente* beruht es auf vorangestellten Definitionen und Postulaten. Diese besagen in Übereinstimmung mit Platon, daß der Sehvorgang auf geradlinigen Sehstrahlen beruht, die vom Auge ausgehen und das gesehene Objekt gewissermaßen abtasten. Da die Richtung der Sehstrahlen für die Geometrie des Sehvorganges belanglos ist, beeinträchtigt diese Annahme nicht die gezogenen Schlußfolgerungen. Bemerkenswert ist die weitere Annahme, daß die Sehstrahlen den Raum nicht lückenlos ausfüllen, sondern die von ihnen paarweise eingeschlossenen Sehwinkel einen gewissen Minimalwert nicht unterschreiten. Dies steht im Einklang mit der (damals natürlich völlig unbekannten) diskreten Struktur der Netzhaut und bringt einen gewissen digitalgraphischen Aspekt in die Optik ein. Euklid begründete jedoch mit dieser bei ihm rein spekulativen Annahme lediglich qualitativ eine beobachtbare Grenze des Auflösungsvermögens, ohne die geometrischen Konsequenzen weiter zu verfolgen.

Die *Optik* Euklids enthält 58 Propositionen, deren Auswahl aus der Sicht späterer mathematischer Perspektive mitunter befremdlich ist. Es geht jedoch aus dieser Auswahl und aus dem Vorwort der später geschriebenen *Phaenomena*, in dem auf die *Optik* verwiesen wird, hervor, daß Euklids *Optik* hauptsächlich als Hilfswissenschaft für die Astronomie bestimmt war. Es gelang ihm zwar noch nicht (wie in der folgenden Generation dem Astronomen Aristarch von Samos (um 310–230)), aus den allein beobachtbaren Sehwinkeln deduktiv auf Aussagen über die relativen Entfernungen und Größen von Himmelskörpern und ihren Bahnen zu schließen, aber es klingt deutlich an, daß Euklid dies als Endziel seiner Optik betrachtete. Zunächst hatte er sich mit völlig falschen Meinungen über die Größenverhältnisse am Himmel auseinanderzusetzen. Die Epikuräer behaupteten z. B., die Himmelskörper seien so klein, wie sie dem Auge erscheinen. Einige seiner Propositionen besagen, daß der scheinbare Umriß einer Kugel ein Kreis ist und daß man stets weniger als die Hälfte der Oberfläche der Kugel sieht, jedoch einen um so größeren Teil, je weiter man entfernt ist, während sich der Sehwinkel dabei gleichzeitig verkleinert. Weiter wird gezeigt, daß man mit zwei Augen zusammen, die vom Mittelpunkt der beobachteten Kugel gleich weit entfernt sind, die Hälfte der Oberfläche, mehr oder weniger sieht, je nachdem, ob der Kugeldurchmesser gleich dem Augenabstand, kleiner oder größer als dieser ist. Euklid zeigt, daß ein Kreis nicht nur dann als Kreis erscheint, wenn der Sehstrahl zu dessen Mittelpunkt senkrecht auf der Ebene des Kreises steht, sondern auch, wenn die Länge dieses Sehstrahls gleich dem Radius des Kreises ist, da dann nach dem Satz des Thales alle Durchmesser des Kreises unter dem gleichen Sehwinkel von 90° erscheinen. Er zeigt, daß es außer diesen Fällen keine weiteren Möglichkeiten gibt, einen Kreis kreisförmig zu sehen. Es schließen sich vielfache weitere Anwendungen des Peripheriewinkelsatzes an. Z. B. wird zu einer durch den Punkt $C$ ungleich geteilten Strecke $AB$ ein Punkt konstruiert, von dem aus die Strecke halbiert erscheint.

Traditionellen Vorstellungen von Perspektive kommen nur wenige Propositionen nahe. Aus Prop. 6 kann man leicht die (nicht ausgesprochene) Folgerung ziehen, daß äquidistante Geraden dem Auge einen scheinbaren gemeinsamen Punkt darbieten.

Am folgenreichsten für die Astronomie ist wahrscheinlich Prop. 8 gewesen, in der – modern formuliert – für $\alpha < \beta < 90°$ die

Abs chätzung

$$\frac{\tan \alpha}{\tan \beta} < \frac{\alpha}{\beta}$$

bewiesen wird, die von Aristarch ohne Beweis, aber auch ohne Hinweis auf Euklid oder eine andere Quelle benutzt wurde und von da an in der messenden Astronomie eine fundamentale Rolle spielte.

# Die Pflege der euklidischen Tradition
# bis zum Ausgang der Antike
# und im byzantinischen Reich

Die zwei Jahrhunderte nach der von uns angenommenen Lebenszeit Euklids brachten die höchste Blüte der griechischen Mathematik und der mit ihr verbundenen Astronomie und Technik. Diese Feststellung wäre allein durch die beiden überragenden Mathematiker Archimedes von Syrakus (um 287–212) und Apollonios von Perge (um 262–190) und die Astronomen Aristarch von Samos (um 310–um 230) und Hipparch von Nikaia (190–125) gerechtfertigt. Ihnen steht eine größere Zahl von Gelehrten zweitrangiger Bedeutung zur Seite, deren Namen heute meist nur noch in Verbindung mit bestimmten Einzelleistungen bekannt sind, wie z. B. Nikomedes, Diokles, Perseus, Zenodoros. Genannt wurden schon früher die beiden hervorragenden Ingenieure des 3. Jh. v. u. Z. Philon und Ktesibios. Sie alle knüpften an die von Euklid auf den verschiedenen Gebieten gelegten Grundlagen an und benutzten seine Werke. Daß Euklid dabei nur sehr selten genannt wurde, entspricht dem wissenschaftlichen Stil dieser Zeit. Erst in der Verfallsperiode der griechischen Mathematik, etwa ab 100 u. Z., als zunehmend Kommentatoren und Kompilatoren an die Stelle der schöpferischen Gelehrten traten, begann das weitschweifige Zitieren und Berichten, dem wir den größten Teil unseres Wissens über die voreuklidische Mathematik, über Euklid, sein Werk und seine Zeitgenossen verdanken.
Von den kleineren Werken Euklids wurden die *Konika*, die sphärische Astronomie (*Phaenomena*), die *Optik* und die (vermutete) *Mechanik* bald durch fortgeschrittenere Schriften ersetzt, z. B. durch die *Konika* des Apollonios, die *Sphärik* des Theodosios von Tripolis, *Optik* und *Mechanik* durch die Werke von Archimedes, Klaudios Ptolemaios und Heron. Die *Data* scheinen intensiv benutzt worden zu sein. Das Verständnis für die *Porismen* ging wohl bald verloren.
Daß Euklid von der Mitte des 3. Jh. v. u. Z. an meist als Stoicheiotes, d. h. der Schreiber der *Elemente*, bezeichnet wurde und daß nach ihm niemand mehr ein in seinem Charakter den *Elemen*-

*ten* vergleichbares Werk schrieb, spricht für die hohe Wertschätzung, die alle späteren Mathematiker den *Elementen* entgegenbrachten. Lediglich am 5. Postulat setzte schon in der Antike Kritik ein — von der wir heute wissen, daß sie unberechtigt war. Der dort formulierte Sachverhalt erschien nicht einfach genug und nicht evident genug, um als Axiom zu dienen. Bald wurde der Verdacht geäußert, Euklid habe ihn nur deshalb postuliert, weil er keinen Beweis dafür finden konnte. Geminos und Posidonius (1. Jh. v. u. Z.), Klaudios Ptolemaios (2. Jh.), Proklus (5. Jh.), Simplikios (6. Jh.) und andere versuchten das 5. Postulat zu beweisen oder auf einsichtigere Axiome zurückzuführen und deckten dabei unbewußt erste Zusammenhänge der nichteuklidischen Geometrie auf. Wir erwähnen dies hier nur beiläufig, da es zur Geschichte des Parallelenproblems und der nichteuklidischen Geometrie viele gute, ausführliche und leicht zugängliche Bücher gibt.

Die zahlentheoretischen Bücher VII—IX der *Elemente* wurden nach dem 1. Jh. zunehmend von der Arithmetik des Neupythagoräers Nikomachos von Gerasa verdrängt. Die bescheidenen Ergebnisse zur Volumenberechnung in Buch XII wurden von Archimedes wesentlich erweitert. Am offensichtlichsten ist die Anknüpfung an Buch XIII, da sie nicht nur zu einer Theorie der halbregulären Polyeder bei Archimedes, sondern auch zu zwei später als Buch XIV und XV bezeichneten direkten Fortsetzungen der *Elemente* führte. Buch XIV wurde im 2. Jh. v. u. Z. von dem Alexandriner Hypsikles verfaßt, der dem kurzen Traktat (von nur etwa $4^{1}/_{2}$ Druckseiten) ein Vorwort voranstellte, das wir hier im Wortlaut wiedergeben wollen, zum einen, weil es einen gewissen Aufschluß über seinen Verfasser und die Entstehungsgeschichte gibt und die früher erwähnte islamische Legende erklärt, zum zweiten, weil aus einer so frühen Zeit nur sehr wenige so persönliche, über das rein Mathematische hinausgehende Äußerungen von Gelehrten erhalten sind, zum dritten, weil der Text gerade wegen der „Unechtheit" von Buch XIV und XV in moderneren Ausgaben meist nicht mehr enthalten und deshalb für den heutigen Leser schwer zugänglich ist. (Eine der letzten deutschsprachigen Ausgaben, die noch Buch XIV und XV enthält und aus der wir das folgende zitieren, ist die Ausgabe [3] von 1840.)

Basilides von Tyrus, mein lieber Protarch, kam einst nach Alexandria, war an meinen Vater wegen beider gemeinschaftlicher Liebe zur Mathematik empfohlen, und brachte die meiste Zeit seines Aufenthalts in dem Umgange mit ihm zu. Als sie eines Tages des Apollonius Schrift über die Vergleichung des in einerlei Kugel beschriebenen Dodekaeders und Ikosaeders, und deren Verhältnisse zu einander, durchgingen; so schien ihnen der Vortrag des Apollonius nicht ganz richtig zu sein, und sie schrieben, wie mir mein Vater gesagt hat, ihre Verbesserungen nieder. Nach der Zeit fiel mir jedoch eine andere von Apollonius herausgegebene Schrift in die Hände, welche eine richtige Auflösung der erwähnten Aufgabe enthält, deren Untersuchung mir ein ausnehmendes Vergnügen gewährt hat. Das von Apollonius herausgegebene Werk kann jeder selbst nachsehen, da es überall zu haben ist; dasjenige aber, was ich nachher, und, so viel ich urtheilen darf, mit möglichstem Fleiße, darüber aufgesetzt habe, glaube ich Dir, wegen Deiner vorzüglichen Einsicht in alle Wissenschaften, besonders aber in die Geometrie, als einem kundigen Beurtheiler meines Vortrags, zuerst vorlegen zu müssen; in der gewissen Erwartung, daß Du sowohl aus Freundschaft für meinen Vater, als aus Wohlwollen gegen mich, geneigt sein wirst, meinem Versuche Deine Aufmerksamkeit zu schenken. Doch es ist Zeit, daß ich meine Vorrede schließe, und zur Sache selbst komme.

Man ersieht hieraus, daß Buch XIV ursprünglich, wie z. B. auch die meisten Abhandlungen des Archimedes, eine briefliche Mitteilung und keineswegs als Ergänzung zu Euklids *Elementen* geschrieben war, die überhaupt nicht erwähnt werden. Als Buch XIV und XV sind die hier vorgestellten Zusätze zur Theorie der regulären Polyeder von Buch XIII gerade von denjenigen den *Elementen* beigesellt worden, die in dieser Theorie das Ziel und den Höhepunkt der *Elemente* sahen, also von den Neuplatonikern. „Das von Apollonius herausgegebene Werk kann jeder selbst nachsehen, da es überall zu haben ist . . ." Welch ein Wandel der Zustände gegenüber den Zeiten des Aristoteles und auch noch des Euklid, wo wissenschaftliche Werke nur in einem oder wenigen Exemplaren existierten! Immerhin sind aber inzwischen mehr als 150 Jahre vergangen, es gibt einen regulären „Buchhandel" (mit Papyrusrollen), auch die kommerzielle Vervielfältigung der Schätze der alexandrinischen Bibliothek steht in dieser Zeit in Blüte. Nebenbei erfahren wir, daß auch Apollonios von Perge (trotz der Häufigkeit des Namens, Apollonios in der Antike muß es sich wohl um diesen handeln) sich mehrfach mit den regulären Polyedern beschäftigt hat. Sogar für die von den Arabern behauptete Herkunft Euklids aus Tyrus ergibt sich hier ein Hinweis, wie das Mißverständnis zustande gekommen sein könnte.

Der mathematische Inhalt von Buch XIV besteht nur aus 7 Sätzen. Zunächst wird der bereits von Aristaios, einem Zeitgenossen Euklids, und Apollonios gefundene Sachverhalt reproduziert und bewiesen, daß die begrenzenden Fünfecke bzw. Dreiecke eines der gleichen Kugel einbeschriebenen Dodekaeders bzw. Ikosaeders den gleichen Umkreis haben. Hieraus wird gefolgert, daß sich die Rauminhalte dieser beiden Körper zueinander verhalten wie ihre Oberflächen, da man jeden von beiden aus fünfseitigen bzw. dreiseitigen Pyramiden zusammensetzen kann, deren Spitzen im Mittelpunkt der gemeinsamen Umkugel liegen und deren Höhen wegen des zuvor bewiesenen Satzes gleich sind, während sich ihre Grundflächen zur jeweiligen Oberfläche des Körpers addieren. Anschließend beweist Hypsikles eigene Resultate, die die explizite Angabe dieses Verhältnisses Dodekaedervolumen (und -oberfläche): Ikosaedervolumen (und -oberfläche) als mit Zirkel und Lineal konstruierbare Größen betreffen.

Der Inhalt des sogenannten Buches XV, das ebenfalls nur etwa 4 Druckseiten umfaßt, besteht aus drei Teilen. Erstens werden reguläre Polyeder auf verschiedene Weise ineinander einbeschrieben und zwar a) ein Tetraeder so in einen Würfel, daß die Tetraederkanten Diagonalen der Würfelflächen sind, b) ein Oktaeder so in ein Tetraeder, daß die Oktaederecken die Kantenmitten der Tetraederkanten sind, c) ein Oktaeder so in einen Würfel, daß die Oktaederecken die Mittelpunkte der Würfelflächen sind, d) ein Würfel so in ein Oktaeder, daß die Würfelecken die Mittelpunkte der Oktaederflächen sind, e) in gleicher Weise ein Dodekaeder in ein Ikosaeder. Im zweiten Teil werden zwei einfache kombinatorische Zusammenhänge zwischen den Anzahlen der Ecken, Flächen, Kanten usw. mitgeteilt: Das halbe Produkt aus der Flächenzahl und der Anzahl der Kanten einer Fläche ergibt die Gesamtzahl der Kanten des Körpers. Das Produkt der Flächenanzahl und der Zahl der Ecken einer Fläche, dividiert durch die Anzahl der in einer Körperecke zusammenstoßenden Flächen (oder Kanten), ergibt die Anzahl der Ecken des Körpers. Bei aller Trivialität dieser Betrachtungen ist die sich ankündigende kombinatorische Denkweise als etwas gegenüber der hellenistischen Mathematik prinzipiell Neues, aber für die byzantinische Mathematik Charakteristisches zu werten. Übrigens sind die sich aus den jeweils skizzierten Prinzipien ergebenden Möglichkeiten in beiden Teilen nicht systematisch durchgeführt. Im dritten Teil werden die Winkel zwischen benachbarten Flächen der verschiedenen Polyeder bestimmt. Dabei beruft sich der anonyme Verfasser von Buch XV auf „unseren großen Lehrer Isidoros". Hieran knüpfen sich die verschiedenen Hypothesen über den Autor. Die wahrscheinlichste dieser Hypothesen besagt, daß damit Isidor aus Alexandria, der vorletzte Vorsteher der athenischen Akademie, gemeint ist, dem in der Tat der Beiname der Große gegeben wurde. Der Verfasser von Buch XV wäre in diesem Fall vermutlich sein Schüler und Amtsnachfolger Damaskios, der nach der Schließung der Akademie durch den byzantinischen Kaiser Justinian im Jahre 529 mit sechs anderen neuplatonischen Gelehrten an den Hof des Perserkönigs Chosrau I. emigrierte, aber wenige Jahre später nach Athen zurückkehrte. Andere Historiker nehmen an, besagter Isidoros sei Isidoros von Milet, der um 533 in Konstantinopel gemeinsam mit Anthemios von Tralles als Architekt der berühmten Hagia Sophia wirkte. Heath schreibt sogar [15 I, S. 421), dies sei ohne Zweifel so. Zur Wahl steht auch noch ein Bischof Isidoros von Sevilla (um 570–636), der zahlreiche enzyklopädische Schriften verfaßte, an Mathematik interessiert war und von seinen Anhängern ebenfalls als der Große bezeichnet wurde. Schließlich sei erwähnt, daß Buch XV noch im 19. Jh. als „das zweite Buch des Alexandriners Hypsikles von den fünf (platonischen) Körpern" bezeichnet wurde.

Charakteristisch für die Aneignung der *Elemente* in der Spätantike und über das Mittelalter hinaus wurden Kommentare, entweder zum gesamten Werk oder – häufiger – zu einzelnen Büchern. Diese Kommentare, oft weitschweifig, philosophisch orientiert und von geringem mathematischem Wert, sind zu unterscheiden von den Scholien, die substantielle Änderungen und Ergänzungen des Inhalts darstellen. Der berühmteste, ausführlichste und historisch ergiebigste von den erhalten gebliebenen antiken Kommentaren ist der bereits mehrfach erwähnte Kommentar zum I. Buch von Proklos Diadochos (latinisiert Proklus Diadochus, 410–485), einem der letzten Vorsteher der athenischen Akademie. Bevor wir ihn etwas näher vorstellen, sollen die weiteren antiken Kommentare genannt werden, von

deren Existenz wir wissen. Sie wurden von Geminos (1. Jh.
v. u. Z.), Heron (wahrscheinlich 1. Jh.), Pappos (zum Buch X,
4. Jh.), Porphyrios, einem der ersten Neuplatoniker (3. Jh.) und
Simplikios verfaßt, der zu den sieben nach Persien emigrierten
letzten Gelehrten der Akademie gehörte. Der Inhalt der Kommentare von Heron, Pappos und Simplikios ist, zum Teil fragmentarisch, durch arabische Übersetzungen überliefert. Die verschollenen Kommentare von Geminos und Porphyrios werden häufig
von Proklus genannt. Über den Kommentar des angewandten
Mathematikers Heron weiß man z. B., daß er nur die drei ersten
Postulate als solche gelten ließ, daß er sich an einer halb formal-
algebraischen Darstellung des von ihm in der überlieferten Form
als zu schwerfällig empfundenen Buches II versuchte, daß er
mehrfach direkte Beweise für von Euklid indirekt bewiesene
Sätze angab, z. B. für I.19 und I.25, und daß er bei solchen Sätzen,
bei denen die vorausgesetzten Stücke sich in mehreren bezüglich
der Anordnung verschiedenen Lagen befinden können, den Beweis
für alle Fälle getrennt führte [15 II, S. 310, 316].
Der Kommentar des Proklus umfaßt in moderner Ausgabe [16]
rund 300 Druckseiten, also etwa das Zehnfache vom Umfang des
kommentierten Buches I. Davon entfallen etwa 60 Seiten auf eine
allgemeine Einleitung, weitere 60 Seiten sind der ausführlichen
Besprechung der Definitionen von Buch I gewidmet, der Rest
behandelt die Axiome, Postulate, Sätze und Aufgaben und deren
Beweise im einzelnen. Obwohl sich darin viele historisch und
mathematisch wertvolle Einzelheiten finden, läßt Proklus keinen
Zweifel daran, daß es ihm ausschließlich um die philosophische
Ausbeutung der *Elemente* im Sinne des Neoplatonismus geht.
Am Ende schreibt er:

Was uns betrifft, so wären wir den Göttern dankbar, wenn es uns gelingen
würde, auch mit den übrigen Büchern auf dieselbe Weise zu Ende zu kommen. Sollten uns aber andere Sorgen davon ablenken, so fordern wir die
Freunde dieser Wissenschaft auf, auch die folgenden Bücher auf dieselbe
Weise zu erklären und dabei allenthalben auf die Förderung der Wissenschaft
und auf Klarheit der Distinktionen bedacht zu sein. Denn die Kommentare,
die jetzt im Umlauf sind, leiden an großer und mannigfacher Verwirrung und
tragen nicht das geringste bei zur inneren Begründung des Gegenstandes, zur
dialektischen Auseinandersetzung und zur philosophischen Betrachtung.
[16, S. 466 f.]

In der Einleitung des Kommentars wird unter anderem die Vorgeschichte der *Elemente* und etwas über Euklid, sein Leben und seine sonstigen Werke berichtet. Diese für uns heute nahezu wichtigste Stelle umfaßt weniger als 5 Druckseiten. Als Quelle diente vermutlich die von dem Aristotelesschüler Eudemos verfaßte Geschichte der Mathematik in vier Büchern, die bis auf geringe Zitate verloren ist. Proklus dürfte sie jedoch in seinem Sinne bearbeitet haben. So erwähnt er z. B. niemals Demokrit. Die Einleitung schließt mit den Worten:

Indem wir nun mit den Einzeluntersuchungen beginnen, schicken wir an die Leser die Mahnung voraus, nicht die abgedroschenen Mätzchen unserer Vorgänger wie Hilfssätze und Konstruktionsfälle und anderes derartiges von uns zu fordern. Denn daran haben wir übergenug und werden uns nur selten damit befassen. Was aber inhaltlich bedeutsam ist und die gesamte Wissenschaft fördert, das wollen wir vorzugsweise berücksichtigen und dabei den Pythagoreern nacheifern, denen die Parole geläufig war: „Mit jeder Zeichnung zeuch voran und scheuch den Krämergeist hintan!" Sie wollten damit zum Ausdruck bringen, daß man jene Geometrie betreiben muß, die bei jedem Lehrsatz einen Schritt nach oben tut, die Seele emporhebt und ihr nicht gestattet, in die Tiefen der Sinnenwelt hinabzusteigen, die gemeine Notdurft des menschlichen Lebens zu befriedigen und im Streben darnach auf die Abkehr von dieser Welt zu vergessen. [16, S. 224]

Die angekündigten Einzeluntersuchungen beginnen dann mit 8 Seiten schwülstiger Auslassungen über Definition 1: Ein Punkt ist, was keine Teile hat. Mit den zitierten zwei Leseproben dürfte unser Leser einen deutlichen Einblick in den Stil und die Sinnesart des Proklus getan haben. Wir wollen aber noch an einem Beispiel zeigen, daß die Übertragung altgriechischer Texte in moderne Sprachen sehr problematisch und das Resultat von den weltanschaulich-philosophischen Positionen der Übersetzer und Herausgeber ebenso wie von ihrem Einblick in die Mathematik abhängig ist. In den ersten Sätzen der Einleitung sagt Proklus nach einer Teilübersetzung von N. Hartmann (1909):

... aber die Tendenz zur Durchführung in den Unternehmungen ... verleiht ihr (der Mathematik, P. S.) einen minderen Rang als der ungeteilten und in sich selbst vollkommen begründeten Seinswelt.

Dies ist natürlich sprachlich sehr ungelenk, aber man kann sich unter der von Proklus gewissermaßen kritisierten „Tendenz zur Durchführung in den Unternehmungen" ungefähr das vorstellen, was wir als den konstruktiven Aspekt der euklidischen Mathematikauffassung herausgestellt haben. Übersetzer und Herausgeber der vollständigen Proklusübersetzung [16], die wir hier benutzt haben, kritisieren in einer Fußnote diese Übersetzung von Hartmann mit den Worten: „Damit ist natürlich nichts anzufangen." Unter Heranziehung philologischer Argumente übersetzen sie dann die betreffende Stelle ebenso holprig, aber obendrein mit gänzlich anderem Sinn:

„... aber die Ausführlichkeit ihrer Erkenntnismethoden ... verleiht ihr ..." usw.

Ähnliche Bemerkungen könnte man an fast jeden Satz der Übertragungen altgriechischer Texte knüpfen. Das bedeutet, daß alle Interpretationen anfechtbar, vorläufig sind, und ermöglicht ein weites Feld von neuen kritischen Auseinandersetzungen mit eingefahrenen Ansichten, wie man es in der zeitgenössischen Sekundärliteratur verfolgen kann.

Wir wollen nun im Zusammenhang etwas über die materielle Erhaltungssituation der *Elemente* und der anderen euklidischen Texte am Ausgang der Antike und die heutige Quellenlage berichten, obwohl dieses Vorgehen erfordert, von der chronologischen Darstellung etwas abzuweichen. Die ältesten heute bekannten Textfragmente der *Elemente* sind sechs Scherbenbruchstücke mit Text und Figuren, die aus der 2. Hälfte des 3. Jh. v. u. Z. stammen und in den Jahren 1906 bis 1908 auf der Nilinsel Elephantine nördlich Assuans gefunden wurden. Diese Scherben (ein damals durchaus übliches Schreibmaterial) enthalten einige Fragmente der Propositionen 10 und 16 aus Buch XIII, stimmen aber nur dem Sinne nach, jedoch nicht im Wortlaut mit dem heute als authentisch geltenden Text überein. Da Papyrus ein recht vergängliches Material ist, ist die Erhaltung von Papyrustexten über rund 2000 Jahre nur in Ausnahmefällen zu erwarten. In der Tat wurde das einzige uns zugängliche Papyrusfragment, das Textteile der *Elemente* (und zwar aus Buch I) enthält, in Herkulaneum ausgegraben und stimmt ebenfalls nicht wörtlich mit dem kanonisierten Text von Heiberg/Menge überein. Insgesamt sind bis heute rund 120 Zeilen Text der *Elemente* aus der Zeit vor dem 4. Jh. u. Z. bekannt geworden, die zur Hälfte nicht dem Standardtext von Heiberg/Menge entsprechen. Dies unterstützt die These, daß die *Elemente* über längere Zeiträume als Vorlesungsmanuskripte und Mitschriften von Schülerhand in unterschiedlichen Varianten im Umlauf waren, bevor sich ein relativ feststehender Wortlaut herausbildete.

Als letzter Mathematiker wirkte um 370 Theon an der alexandrinischen Schule, dessen gelehrte Tochter Hypathia 415 von fanatisiertem christlichem Mob auf bestialische Weise getötet wurde. Theon verfaßte Bearbeitungen der *Elemente*, der *Data* und der *Optik* Euklids. Seine Fassung der *Elemente* war um Klarheit und Widerspruchsfreiheit bemüht. Er schaltete in schwierigere Beweise zusätzliche Zwischenschritte ein, behandelte Spezialfälle und formulierte zusätzliche Hilfssätze (Lemmata) und Folgerungen (Korollare) aus den Sätzen. Seine Bearbeitung ist daran zu identifizieren, daß er selbst in einem von ihm verfaßten Kommentar zum *astronomischen Handbuch* (griech.: Syntaxis, arab.: Almagest) des Klaudios Ptolemaios eine von ihm vorgenommene Ergänzung zu Proposition VI.33 erwähnt. (Sie ist in der Textausgabe [2] von Thaer in eckigen Klammern beigefügt.) Anhand dieses Merkmals konnte festgestellt werden, daß alle bis zum Beginn des 19. Jh. bekanntgewordenen griechischen, arabischen und lateinischen Textfassungen der *Elemente* auf den von Theon redigierten Text zurückgehen. Erst 1808 fand François Peyrard (1760–1822), damals Bibliothekar der Pariser École Polytechnique, in alten Manuskripten, die während des napoleonischen Feldzuges in Italien der Bibliothek des Vatikan geraubt und von dem Mathematiker G. Monge nach Paris gebracht worden waren, ein griechisches Pergamentmanuskript (Kodex), das sich durch das Fehlen jenes Zusatzes zu VI.33 und andere Anzeichen als vortheonischer Text zu erkennen gab. Er verwendete dieses Manuskript für die 1814/16 erschienene Neuauflage einer schon 1804 erstmals von ihm herausgebrachten dreibändigen griech.-latein.-französischen Ausgabe der *Elemente*, ohne jedoch konsequent den älteren Text zu übersetzen. Dieses Manuskript, heute als „P" (nach Peyrard) oder als „Codex Vat. graec. 190" (nach seinem Standort) weltberühmt, wurde 1814 nach dem Sturz Napoleons an den Vatikan zurückgegeben. Es diente am Ende des 19. Jh. als Hauptquelle für die heute maßgebliche griech.-latein. Textfassung der *Elemente* [1] von Heiberg, auf der auch alle modernen Ausgaben in lebenden Sprachen beruhen.

Das Manuskript P (Abb. 15) ist byzantinischen Ursprungs und stammt aus dem 10. Jh. Es repräsentiert zwar wegen des vortheonischen Textes den ältesten heute bekannten vollständigen Text der *Elemente*. Das im materiellen Sinne älteste vollständige Manu-

*15* Ein Blatt des Codex Vat. graec. 190 („P") [126]

skript hingegen trägt die Bezeichnung „D'Orville 301" (nach einem früheren Besitzer) und befindet sich im Besitz der Bodleian Library in Oxford. Es wurde im Jahre 888 von dem damals berühmten byzantinischen Kalligraphen (Schönschreiber) Stephanus für den an Mathematik sehr interessierten Arethas, Erzbischof von Kappadokien, geschrieben. Aus dem Manuskript geht sogar hervor, daß Stephanus für seine Arbeit 14 Goldmünzen erhielt. Weitere byzantinische Pergamenthandschriften der *Elemente*

80

stammen aus dem 10. bis 12. Jh. und befinden sich heute in Bibliotheken in Florenz, Wien, Bologna und Paris. Interessant ist in diesem Zusammenhang auch das Manuskript Vat. graec. 204 aus dem 9. Jh., in dem folgende Schriften vereinigt sind: von Euklid die *Phaenomena*, die unechte *Katoptrik* und die *Data*, der Kommentar des Neuplatonikers Marinus von Naples zu den *Data* und verschiedene astronomische bzw. sphaerisch-geometrische Schriften des Autolykos, Aristarch, Theodosios und Hypsikles.

Derartige Manuskripte belegen, daß es nach dem Erlöschen des Museions und der athenischen Akademie im Kreise byzantinischer Gelehrter ein stetiges und nicht nur literarisch-historisch oder philosophisch motiviertes Interesse an der euklidischen Mathematik gegeben hat, daß man vielmehr Euklid auch im Zusammenhang mit astronomischen und technischen Problemen studierte. Natürlich läßt sich die mehr als tausend Jahre umfassende Geschichte des byzantinischen Reiches ebensowenig wie die Geschichte der eigentlichen Antike als Einheit behandeln. Hier wie dort wechselten Zeiten, die für die Entfaltung der mathematischen Wissenschaften günstig waren, mit solchen ab, in denen das Gegenteil zutraf. Insgesamt und im Verhältnis zu dem langen Zeitraum hat Byzanz jedoch nur wenige und unbedeutende schöpferische Beiträge zur Mathematik hervorgebracht. Hingegen hat es eine wichtige Rolle für die Bewahrung der antiken mathematischen Literatur gespielt und dies in betontem Gegensatz zum römischen, später weströmischen Reich, an dessen an sich viel umfangreicherer schriftlicher Hinterlassenschaft Mathematik und insbesondere Euklid einen praktisch zu vernachlässigenden Anteil haben. Die praktizistische Einstellung der Römer gegenüber der Mathematik kommt recht gut in dem Ausspruch des Schriftstellers Aelian (2./3. Jh.) zum Ausdruck, wonach eine Spinne ihr kunstreiches Netz knüpfen kann, ohne etwas von Euklid zu wissen.

# Euklid in der islamischen Welt
# und anderen östlichen Kulturen im Mittelalter

Die Werke Euklids nahmen in der Bewahrung und Fortführung
des antiken wissenschaftlichen Erbes durch arabisch und persisch
schreibende Wissenschaftler einen vorderen Platz ein. Die größte
Aufmerksamkeit zogen die *Elemente* auf sich. Ihnen folgten die
*Data*, die *Phaenomena* und die *Optik*, die zu den sogenannten
*mittleren Büchern* gezählt wurden, d. h. denjenigen Werken, die
nach den *Elementen*, aber vor dem *Almagest* des Ptolemäus studiert
werden sollten. Ins Arabische sind auch das *Buch über die Teilung
von Figuren* und (vermutlich) die *Porismen* übersetzt worden.
Vor kurzem wurde außerdem ein *Buch Euklids über Spiegel* in
einer arabischen Handschrift in der Medici-Laurenzio-Bibliothek
in Florenz gefunden, dabei handelt es sich um die sogenannte
*Katoptrik*, die bisher nur in lateinischer Übersetzung bekannt
war. Ins Persische wurden nur wenige Werke Euklids übertragen,
vornehmlich die *Rezension der Elemente in 15 Büchern* durch
Nasir ad-Din at-Tusi. Gleiche Wertschätzung wie den Werken
Euklids brachten die arabisch und persisch schreibenden Gelehrten nur Ptolemäus unter den Mathematikern und Astronomen
sowie Platon und Aristoteles unter den Philosophen entgegen.
Diese Wertschätzung drückte sich in einem hohen Bedarf an
Kopien dieser Werke aus, der mindestens im 9. bis 12./13. Jh. in
den wissenschaftlichen Zentren der islamischen Welt nachweisbar
ist. Z. B. verdiente sich Ibn al-Haitham in der ersten Hälfte des
11. Jh. in Kairo seinen Lebensunterhalt damit, daß er jedes Jahr
einmal die *Elemente* Euklids, die *mittleren Bücher* und den *Almagest*
abschrieb. Für die Ausbildung der Söhne der Ober- und Mittelschichten wurden bevorzugt Lehrer gesucht und gut bezahlt, die
die Werke der genannten antiken Autoren möglichst gut be-
herrschten.

In der arabischen und persischen Euklidtradition lassen sich
verschiedene Strömungen erkennen, die sich zum Teil zeitlich
überlappen. Jedoch trägt jeder Versuch einer Gesamtdarstellung
nur vorläufigen Charakter, da bisher nur ein Teil der erhaltenen

Handschriften ediert, übersetzt und analysiert worden ist. Vom Ende des 8. bis zum Ende des 10. Jh. entstanden die arabischen Übersetzungen, die die Grundlage für die umfangreiche Folgeliteratur von Zusammenfassungen, Bearbeitungen (Rezensionen), Kommentaren und Ergänzungen bildeten. Nach den Berichten der arabischen biobibliographischen Literatur (z. B. dem *Fihrist* des bereits erwähnten ibn-an-Nadim im 10. Jh.) wurden die *Elemente* zuerst Ende des 8./Anfang des 9. Jh. in Bagdad unter den Kalifen Harun ar-Raschid und al-Ma'mun in zwei verschiedenen Versionen von al-Hadschdschadsch ibn Yusuf ibn Matar ins Arabische übersetzt, in der zweiten Hälfte des 9. Jh. erneut von Ishaq ibn Hunain, und die letztgenannte Übersetzung wurde von dem bedeutenden Mathematiker und Astronomen Thabit ibn Qurra überarbeitet. Diese Übersetzungen sind jedoch nicht alle erhalten geblieben. Neueste Handschriftenstudien haben eine fünfte Version ans Licht gebracht, die möglicherweise die in der arabischen biobibliographischen Literatur ebenfalls erwähnte Überarbeitung einer Übersetzung von al-Hadschdschadsch durch Thabit ibn Qurra ist. Die Bücher XIV und XV sind von Qusta ibn Luqa übersetzt worden. Weitere Übersetzungen einzelner Bücher stammen von Abu Uthman Sa'id ibn Yaqub ad-Dimaschqi und Nasif ibn Yumn al-Qass. Die Übersetzer der anderen Schriften Euklids sind nicht mit Sicherheit bekannt. Die *Data* und die *Phaenomena* könnten von Thabit ibn Qurra korrigiert worden sein.

Im 9. Jh. wandten sich Philosophen und Mathematiker der Erklärung, Interpretation, Ergänzung und Zusammenfassung der *Elemente* zu. Diese Kommentierung setzte sich in großem Umfang bis zum Ende des 13. Jh. fort. Von den vielen Kommentatoren soll hier nur an-Nairisi erwähnt werden, da sein Kommentar Auszüge aus verlorenen griechischen Euklidkommentaren enthält und die lateinische Übersetzung seines Kommentars die Euklidrezeption in Europa nachhaltig beeinflußt hat. Ende des 13. Jh. fand auch das Bemühen um die Herstellung eines mehr oder minder kanonischen Textes mit den Rezensionen von Nasir ad-Din at-Tusi, Muhyi ad-Din al-Maghribi und einem unbekannten Autor seinen Abschluß. Letzterer wird häufig als Pseudo-Tusi bezeichnet, da die erhaltenen Handschriften seiner Rezension, die 1594 in Rom gedruckt wurde, wie auch dieser

Druck Nasir ad-Din at-Tusi als Urheber nennen. Da die Rezension 1298 beendet wurde, Nasir ad-Din at-Tusi jedoch bereits 1274 starb, kann er kaum ihr Verfasser sein.

Es scheint den arabisch schreibenden Mathematikern weniger um einen dem Euklidischen Original möglichst nahe kommenden Text gegangen zu sein als vielmehr um eine aus mathematischer und didaktischer Sicht möglichst folgerichtige und vollständige Darstellung. Dennoch kann man vor allem den Übersetzern, aber auch den Bearbeitern des 13. Jh., ein historisch-literarisches Interesse an der Rekonstruktion des ursprünglichen Textes nicht völlig absprechen. Wenigstens von Thabit ibn Qurra und Nasif ibn Yumn al-Qass wurden zusätzliche griechische Manuskripte für die Übersetzung und Textrevision herangezogen, die zum Teil auf Anordnung des Abbasidenkalifen al-Ma'mun in Byzanz gekauft worden waren. Obwohl Heiberg [70] bei der Beurteilung der bis zum Ende des 19. Jh. bekanntgewordenen arabischen Versionen der *Elemente* zu dem Urteil gelangte, daß diese für die Rekonstruktion des originalen Wortlautes bedeutungslos sind, muß man diese Frage heute als ungeklärt bezeichnen. Schon Thaer hatte das Urteil Heibergs auf Grund seiner Beschäftigung mit dem Pseudo-Tusi-Text in den 30er Jahren unseres Jh. als fragwürdig bezeichnet. In den 70er Jahren hat Matvievskaja erneut die Notwendigkeit betont, bei der Einschätzung der Echtheit einzelner Sätze und Beweise der *Elemente* arabische Texte zu Rate zu ziehen. [97]

Eine weitere Art der Beschäftigung mit dem euklidischen Erbe stellen die arabischen Wissenschaftsenzyklopädien dar. Sie sind spätestens seit dem 10. Jh. eine gern benutzte literarische Form zur Einführung in verschiedene Disziplinen oder zur Aufzählung von Schriften, die für die Lehre oder das Selbststudium benutzt werden sollten. Die bekanntesten Enzyklopädien wurden von Muhammad al-Katib al-Choresmi im 10. Jh., den sogenannten Lauteren Brüdern im 10. Jh. und Qutb ad-Din asch-Schirazi im 13. Jh. geschrieben. Zu diesem Genre sind auch Abhandlungen zu zählen, die auf einzelne Wissenschaften beschränkt sind, wie die Einführung in die Astronomie und Astrologie von Abu Raichan al-Biruni Ende des 10./Anfang des 11. Jh. oder die philosophischen Kompendien von Ibn Sina. Den Enzyklopädien verwandt sind philosophische Abhandlungen über das System der Wissenschaften. Sie hatten das Ziel, eine Hierarchie der Wissenschaften zu begründen und innere Abhängigkeiten zwischen den einzelnen Disziplinen zu erörtern. Die bedeutendsten dieser Schriften stammen von führenden Philosophen des 9. und 10. Jh. wie Abu Nasr al-Farabi oder Ibn Sina. Weitere den Enzyklopädien nahestehende Literaturgattungen, in denen überblicksartig das Leben Euklids oder der Inhalt einzelner seiner Schriften oder eine Liste seiner Werke einem breiten Leserkreis vermittelt wurden, sind die Geschichtsschreibung, die Länderkunde sowie Reisebeschreibungen und Biobibliographien. Sie dienten der Bildung und Unterhaltung der Ober- und Mittelschichten, der Verständigung über die eigene historische Tradition und deren Platz in einer universellen Geschichte der Völker des Mittelmeerraumes, Vorder- und Zentralasiens sowie dem Bericht über die geographischen, ethnographischen und kulturellen Gegebenheiten einzelner Gebiete oder der gesamten islamischen Welt. Zu den Autoren von Enzyklopädien gehörten zunächst auch Mathematiker. In den späteren Jahrhunderten wurden sie fast völlig von Geisteswissenschaftlern verdrängt. Parallel dazu nahm der Umfang der sachbezogenen Darstellung der Wissenschaftsdisziplinen immer mehr ab. Es schälte sich ein gewisses Standardmaterial heraus, das in den Enzyklopädien des späteren Mittelalters (vielleicht seit dem 14./15. Jh.) nahezu unverändert tradiert wurde. Euklid wird darin hauptsächlich als Geometer genannt, die Zahlentheorie dagegen wird meist mit Nikomachos verbunden. Obwohl auch in den mathematischen Schriften das zahlentheoretische Erbe Euklids mit dem anderer antiker Autoren verschmolzen worden ist, bemühten sich die Mathematiker, den Stil Euklids in der Zahlentheorie zu bewahren und nach diesem Vorbild eigene Ergebnisse zu erzielen. Z. B. begründete Thabit ibn Qurra nach dem Vorbild von Satz IX,36 über die Erzeugung vollkommener Zahlen die erste Bildungsvorschrift für Paare befreundeter Zahlen $m$, $n$, deren jede die Summe der Teiler der anderen ist.

Den Wert der *Elemente* erblickte die enzyklopädische Richtung der arabischen Literatur vornehmlich in den Beweisen, ein Urteil, das offenkundig aus der doch wesentlich breiter gefächerten Einschätzung der *Elemente* durch die Mathematiker übernommen worden ist. Auf Grund der bisher ausgewerteten Literatur betraf

das Interesse der arabisch und persisch schreibenden Mathematiker an den *Elementen* neben der Möglichkeit, Lösungen von Problemen aus der Geometrie, Algebra, Zahlentheorie, praktischen Arithmetik, Infinitesimalrechnung, Trigonometrie, Statik, Optik und Musiktheorie im Stile Euklids streng zu begründen, vor allem die Definitionen und Postulate, die Proportionentheorie, die Lehre von den zusammengesetzten Verhältnissen (d. h. ihrer Multiplikation) und die Klassifikation quadratischer und biquadratischer Irrationalitäten. Sie entwickelten ein ausgeprägtes Streben, sich Klarheit über die theoretischen Grundlagen der Mathematik zu verschaffen. Einige von ihnen wie Thabit ibn Qurra oder Ibn al-Haitham befürworteten in der Geometrie die Zulassung von Bewegungen (Translationen, Rotationen und Spiegelungen) zur Lösung von Konstruktionsaufgaben. Sie benutzten derartige, methodologisch über Euklid hinausgehende Konstruktionsmittel auch in der Diskussion des Parallelenpostulats und bei der Lösung von Aufgaben, die man heute der Infinitesimalmathematik zuordnen würde. Thabit ibn Qurra und Ibn al-Haitham verfaßten Abhandlungen über die Art der Beweise, mit denen ein Geometer arbeiten soll. Dabei unterschied Thabit ibn Qurra klar zwischen konstruktiven und nichtkonstruktiven Existenzbeweisen. Er war sich des früher erläuterten Doppelcharakters konstruktiver Existenzbeweise bewußt, denn er schreibt sinngemäß, daß man durch die Angabe einer Konstruktion mit Instrumenten etwas erkennen oder etwas verwirklichen kann. [115, Bd. 8, S. 55]
Eine statistische Auswertung der Titel erhaltener und verlorener, aber in der arabischen biobibliographischen Literatur zitierter Handschriften anhand der neuesten Übersicht [98] über alle irgendwie mathematisch tätig gewesenen Gelehrten des islamischen Mittelalters vermittelt vielleicht ein etwas differenzierteres Bild von der arabischen und persischen Euklidrezeption, das durch die Untersuchung noch unpublizierter Handschriften präzisiert und korrigiert werden muß. Von 860 dem Titel nach zur Geometrie gehörigen Arbeiten beziehen sich 138 auf die *Elemente*, etwa 10 auf die anderen Werke Euklids, ca. 45 auf Arbeiten anderer antiker Autoren und weitere 104 Titel nennen Themen, die in gewisser Beziehung zu den *Elementen* stehen (geometrische Konstruktionen, irrationale Größen, Parallelen-

postulat, reguläre und halbreguläre Körper). 41 Titel betreffen die Berechnung von Flächeninhalten und Volumina von Kegelschnittsegmenten und Rotationskörpern. Sie sind als Ganzes eher der Archimedes-Tradition zuzuordnen. Aber durch die Benutzung der Exhaustionsmethode und weil u. a. gerade die Schrift des Archimedes über die Parabelquadratur nicht in arabischer Übersetzung bekannt gewesen zu sein scheint, schließen sie wenigstens teilweise an Buch XII der *Elemente* an. Die restlichen Titel lassen sich mit Stichworten wie Aufgabensammlungen, Leitfäden zur Geometrie, Inhaltsbestimmungen einfacher Figuren, Kegelschnitte, Trigonometrie und sphärische Geometrie beschreiben. Unter allen Titeln nehmen die Aufgabensammlungen den ersten Platz ein (164). Ihnen folgen die Leitfäden und Schriften zur Inhaltsbestimmung (144). Bereits auf dem dritten Platz stehen die 138 Titel mit direktem Bezug zu den *Elementen*. Dabei muß aber beachtet werden, daß die vor ihnen rangierenden Werke sehr oft auf die Bücher I bis IV und XI/XII der *Elemente* und zum Teil auf andere Schriften Euklids wie z. B. die *Data* zurückgreifen. Es läßt sich daher ohne Übertreibung feststellen, daß Euklids *Elemente* die wichtigste Quelle des arabischen und persischen Schrifttums zur Geometrie gewesen sind.

Für die arabische und persische algebraische und arithmetische Literatur sind vergleichbare Aussagen allein anhand der Titel schwieriger. Hier dominieren eindeutig Texte zur angewandten Arithmetik, die für die Ausbildung breiterer Kreise und den Praxisbedarf von Bedeutung waren. Hochrangige Mathematiker wie Abu'l-Wafa (10. Jh.), al-Karadschi (Ende 10./Anfang 11. Jh.), al-Kaschi (15. Jh.) u. a. verfaßten solche Schriften speziell für Kaufleute, Steuer- und Finanzbeamte, Architekten und andere Berufsgruppen. An zweiter Stelle stehen algebraische Werke, ebenfalls häufig mit ausgeprägtem Praxisbezug. In ihnen sind Teile der arithmetischen Bücher der *Elemente* zusammen mit der *Arithmetik* des Diophant, der *Einführung in die Arithmetik* des Nikomachos und mesopotamischen, indischen und chinesischen Aufgaben und Lösungsverfahren verarbeitet worden. Spezielle zahlentheoretische Bücher sind seltener und vereinigen ebenfalls häufig einige oder alle der genannten Komponenten.

Eine weitere Klassifikation der oben erwähnten 138 Werke mit direktem Bezug zu den *Elementen* ist nicht ganz einfach, da aus den

Titeln nicht immer der eigentliche Inhalt erkennbar ist Dennoch soll hier eine vorläufige Gruppierung versucht werden, um einen Eindruck von den Schwerpunkten der Beschäftigung mit den *Elementen* zu vermitteln. (Fünf Titel mußten doppelt gezählt werden.) Die *Elemente* als Ganzes in Form von Übersetzungen, Bearbeitungen, Kommentaren, Kommentaren zu Kommentaren, Vervollkommnungen u. ä. sind 57mal vertreten. Ihnen folgen einzelne Bücher in einer der aufgezählten Formen mit 54 Titeln, angeführt von Buch X (13mal), Buch I (8mal), Buch II (7mal), Buch V (5mal). An dritter Stelle stehen Titel, die sich auf die Definitionen, Axiome und Postulate als Ganzes oder einzelne davon beziehen (14). Den vierten Platz besetzen 8 Schriften philosophisch-mathematischer Art, die zur Lösung von Zweifeln, zur Verbesserung von Beweisen und zur Erläuterung des Zweckes der *Elemente* beitragen wollen und oft genau wie die Titel der dritten Gruppe die Euklidische Axiomatik betreffen. Die restlichen 10 Titel besprechen mehrere Bücher der *Elemente*, einzelne Sätze oder Aufgaben oder sie sind Mischtexte wie Lehrbücher der Geometrie nach Euklid, Ptolemäus und Archimedes.

Unabhängig von diesem Klassifikationsversuch der bis heute erfaßten arabischen und persischen mathematischen Schriften kann man neben den Arbeiten zum Parallelenpostulat, der Entdeckung neuer geometrischer Konstruktionen und der stärkeren Beachtung geometrischer Probleme der Praxis folgende charakteristische Merkmale der Verarbeitung des euklidischen Erbes durch die Mathematiker des islamischen Mittelalters formulieren: Algebraische Lösung geometrischer Aufgaben, wie sie uns beispielsweise in den Arbeiten Abu Kamils (9. Jh.) entgegentritt, die bewußte Identifikation von Gleichungen zweiten Grades mit einigen Sätzen aus Buch II, die bereits in der ersten uns bekannten Algebra von Muhammad ibn Musa al-Choresmi Anfang des 9. Jh. sichtbar und für den Nachweis der Richtigkeit der algebraisch erhaltenen Lösungen benutzt wird, die Bemühungen um die Arithmetisierung dieser geometrisch beweisenden Algebra sowie die Arithmetisierung von Buch X, die eine der Quellen für die Erweiterung des Zahlenbegriffes von den natürlichen zu den positiven reellen Zahlen war. Schließlich gab es Ansätze zur algebraischen Diskussion von Kurven, z. B. in den Arbeiten von Scharaf ad-Din at-Tusi (12./13. Jh.).

Die Motive und Triebkräfte für diese Richtungen der arabisch-persischen Euklidrezeption sind überaus vielfältig und vielschichtig. Sie können hier nicht im einzelnen dargestellt werden, da dies einer wissenschaftshistorischen Analyse der Mathematik des islamischen Mittelalters insgesamt gleichkäme. Drei Aspekte sollen dennoch besonders hervorgehoben werden. Trotz der noch unzureichenden Aufarbeitung der Texte läßt sich schon klar erkennen, daß die Bedürfnisse der rechnerischen Praxis, vor allem des Handels, der Verwaltung und des Erbrechts, die Arithmetisierung der *Elemente* stimuliert haben, während umgekehrt die Bekanntschaft mit der Mathematik Euklids, der Philosophie des Aristoteles und anderen antiken Autoren nachhaltig das Bestreben gefördert hat, erzielte Problemlösungen theoretisch zu fundieren. Schon im 9. Jh. bildeten sich zwischen diesen beiden Komponenten enge Wechselbeziehungen heraus. So scheint die Arithmetisierung der *Elemente* bereits mit den Übersetzungen oder den ersten Kommentaren zum Gesamtwerk in Form von Zahlenbeispielen einzusetzen. Jedenfalls weist eine Glosse in einer Handschrift der hebräischen Übersetzung der *Elemente* diese Beispiele der arabischen Übersetzung von al-Hadschdschadsch zu. [133] In der Folgezeit werden u. a. die Sätze von Buch II und Buch X allmählich von ihrer geometrischen Terminologie gelöst und über Zwischenschritte in eine rein arithmetisch-algebraische Fassung gebracht. Die folgenden Beispiele mögen diese Entwicklung verdeutlichen.

In der Enzyklopädie der Lauteren Brüder, einem philosophisch orientierten Werk, findet sich bemerkenswerterweise nicht im Kapitel Geometrie, sondern im Kapitel Zahlentheorie ein Auszug aus Buch II der Elemente. Satz 1 dieses Buches tritt uns dort beispielsweise in der folgenden Form entgegen, wobei berücksichtigt werden muß, daß die Autoren unter Zahlen neben natürlichen bereits positive rationale Zahlen verstehen:

Von je zwei Zahlen, von denen die eine beliebig geteilt wird, (gilt): Das Produkt der einen der beiden mit der anderen, der geteilten, ist gleich dem Produkt derjenigen, die nicht geteilt worden ist, mit allen Teilen der geteilten Zahl, Teil für Teil [33, S. 230 f.].

Anstelle eines geometrischen Beweises folgt nun die Veranschaulichung anhand eines numerischen Beispiels.

In einem anonymen Traktat über die Bedeutung des X. Buches,
der spätestens Anfang des 11. Jh. entstanden ist und dessen Autor
vielleicht Ahmad ibn Muhammad as-Sidschisi (10./11. Jh.) ist,
wird einleitend gesagt:

In diesem Buch wird auf natürliche Weise die Frage nach den Wurzeln aus den
Zahlen, nach den Wurzeln der Wurzeln aus ihnen, der Summe der Wurzeln
aus ihnen, den Wurzeln einer Summe von Wurzeln, der Differenz von Wurzeln
und den Wurzeln aus ihren Differenzen erklärt. [97, S. 25]

Dadurch wird Buch X auf den Boden der Arithmetik gestellt und
gleichzeitig der Versuch unternommen, die in arithmetischen und
algebraischen Texten schon zuvor benutzten numerischen Irrationalitäten theoretisch zu fundieren. Wesentlich dafür war die
Erkenntnis, daß man mit Hilfe der Proportionentheorie kommensurable Strecken und rationale Zahlen sowie inkommensurable
Strecken und numerische Irrationalitäten einander eineindeutig
zuordnen kann. So schrieb z. B. der Philosoph al-Farabi in seiner
Klassifikation der Wissenschaften:

Jede Zahl befindet sich in Wechselbeziehung mit irgendeiner rationalen oder
irrationalen Größe. Wenn die Zahlen gefunden sind, die den Größen, die sich
in Proportion befinden, entsprechen, so findet man auf irgendeine Art und
Weise auch diese Größen. Deshalb glaubt man, daß bestimmte rationale
Zahlen rationalen Größen, aber bestimmte irrationale Zahlen irrationalen
Größen entsprechen. [97, S. 5]

In dem bereits erwähnten anonymen Traktat wird betont, daß
die Rechner die der Fläche nach rationalen Größen Euklids, d. h.
Größen, deren Quadrate kommensurabel sind (Buch X, Def. 2) als
irrationale Wurzeln bezeichnen. Dieser Traktat erhellt in besonders deutlicher Art die allmähliche Umwandlung von Buch X
in ein Teilgebiet der Arithmetik. Der Autor versucht die damit
verbundenen Schwierigkeiten durch eine neue Terminologie zu
überwinden, die die natürlichen Zahlen mit den geometrischen
Größen aus Buch X und den irrationalen Wurzeln der praktischen
Rechner verband. Er vermochte jedoch nicht, diese Aufgabe
korrekt zu bewältigen, denn das hätte die Einführung einer
neuen Definition des Zahlbegriffes erfordert, der die positiven
reellen Zahlen einschließt. So blieb er terminologisch bei Misch-
formen stehen wie „der Linie, die von einer Zahl quadriert
wird". Dieser Ausdruck bedeutet, daß das Quadrat der betreffen-

den Streckenlänge durch eine natürliche Zahl gemessen wird, und paßt weder in die Terminologie Euklids noch in die der praktischen Rechner.

Im Zuge der Arithmetisierung von Buch X wurde auch der Zusammenhang zwischen Euklids Klassifikation der quadratischen und biquadratischen Irrationalitäten einerseits und den algebraischen quadratischen und biquadratischen Gleichungen andererseits erkannt. Einige Mathematiker wie z. B. Muhammad ibn Isa al-Mahani (9. Jh.) versuchten sogar, nach diesem Vorbild auch die kubischen numerischen Irrationalitäten zu behandeln. Muhammad ibn al-Hasan al-Karadschi (10./11. Jh.) führte diese Bemühungen in schon rein algebraischer Form fort, befaßte sich mit Wurzeln beliebigen Grades und den aus ihnen zusammengesetzten Zahlen, definierte Potenzen mit gebrochenen Exponenten und versuchte, Gleichungen zu finden, die die so konstruierten Irrationalitäten als Lösungen besitzen. In al-Karadschis Arbeiten und denen seines Nachfolgers as-Samaw'al ibn Yahya al-Maghribi (12. Jh.) mündeten die Bestrebungen zur Arithmetisierung einzelner Bücher der *Elemente* in das bewußte Programm einer Arithmetisierung der Algebra insgesamt, das von as-Samaw'-al wie folgt formuliert wurde:

Man soll die Unbekannten mit allen arithmetischen Instrumenten behandeln, so wie es die Arithmetiker mit den bekannten (Größen) tun. [111, S. 34]

As-Samaw'al hat seine bedeutende algebraische Arbeit bereits im Alter von 19 Jahren verfaßt, nachdem er sich im Selbststudium die mathematischen Erkenntnisse der antiken und mittelalterlichen Gelehrten angeeignet hatte, da es zu seiner Zeit, wie er berichtet, in Bagdad keinen Lehrer mehr gab, der einen über die ersten vier Bücher der *Elemente* von Euklid hinausgehenden Unterricht erteilen konnte.

In den Arbeiten Umar al-Chaiyams (11. Jh.) und Nasir ad-Din at-Tusis (13. Jh.) erfuhren die Bestrebungen zur Erweiterung des Zahlbegriffes insoweit einen Höhepunkt, als hier versucht wurde, eine Definition für positive reelle Zahlen zu formulieren. Sie besagt, daß die Quantität eines Verhältnisses homogener Größen $A$, $B$ sich zu einer festgelegten Einheit verhält wie $A$ zu $B$ und deshalb Zahl genannt werden kann und daß zusammengesetzte Verhältnisse die Multiplikation dieser Zahlen darstellen.

Der dritte Aspekt, der hier noch hervorgehoben werden soll, ist die Benutzung geometrischer Konstruktionen für die Lösung algebraischer Aufgaben, die ein Autor mit algebraischen Mitteln nicht bewältigen konnte. Das bekannteste Beispiel dafür ist die geometrische Theorie der kubischen Gleichungen, wie sie durch Umar al-Chaiyam ihre reifste Ausprägung innerhalb der Mathematik des islamischen Mittelalters erfahren hat.

Wir wollen nun noch kurz auf das Verhältnis der Gelehrten des islamischen Mittelalters zu den kleinen Schriften Euklids eingehen. Wie schon erwähnt gehörten die *Data*, die *Phaenomena* und die *Optik* (neben der *Kreismessung* und der Abhandlung *Über Kugel und Zylinder* des Archimedes und der sogenannten *Kleinen Astronomie* der Antike) zu den *mittleren Büchern*, die ein Student der mathematischen Wissenschaften nach den *Elementen* und vor dem *Almagest* des Ptolemäus studieren sollte. Von den Werken islamischer Schriftsteller wurden zu den *mittleren Büchern* das *Buch der Ausmessung ebener und sphärischer Figuren* der Banu Musa (9. Jh.) und die Bearbeitung der *Data* durch Thabit ibn Qurra gezählt. Dieser ist es möglicherweise auch gewesen, der die sogenannten *mittleren Bücher* erstmals in der genannten oder einer ähnlichen Zusammenstellung für die mathematische Ausbildung empfohlen hat. In Biographien und Abhandlungen verschiedener Mathematiker finden sich Hinweise, die die Bedeutung der *mittleren Bücher* für den Bildungsgang belegen. Besondere Aufmerksamkeit hat Nasir ad-Din at-Tusi ihnen gewidmet. Er fügte sie zu einem zusammenhängenden Werk zusammen, bearbeitete und kommentierte sie. Ihm ist es vor allem zu danken, daß von diesen Schriften heute noch arabische Versionen vorliegen.

Die mechanischen Arbeiten der Euklidtradition sind von Thabit ibn Qurra, Abd ar-Rahman al-Chasini (12. Jh.) und einigen anderen Wissenschaftlern teils als reiner Text überliefert worden, teils in eigenen Arbeiten über den Hebel, die Bestimmung des spezifischen Gewichts und die Berechnung von Schwerpunkten von Flächen, Körpern und Systemen von Körpern verarbeitet worden. Dabei fand eine Verschmelzung der Konzepte und Ergebnisse von Euklid, Archimedes, Aristoteles und dessen Anhängern statt, und im Verlauf dieses historischen Prozesses setzten sich mehr und mehr die Begriffe und Problemstellungen der Aristotelesanhänger durch.

Die *Optik* Euklids wurde gemeinsam mit der *Optik* des Ptolemäus im 10./11. Jh. durch Ibn al-Haitham (in Europa als Alhazen bezeichnet) in so bemerkenswerter Weise vertieft und ausgebaut, daß man sein *Buch der Optik* als den Beginn der Optik als physikalischer Disziplin bezeichnen muß. Es wurde nicht nur zum Standardwerk dieser Disziplin im islamischen Bereich, sondern nach seiner frühen Übersetzung ins Lateinische hinterließ es auch in Europa tiefe Wirkungen. Noch Kepler und Newton haben sich intensiv damit beschäftigt.

Soweit die *Elemente* oder andere Werke Euklids vor Beginn der Neuzeit in außereuropäische Sprachen übersetzt wurden, geschah dies in der Regel durch Kontakt mit arabischen Versionen. Ausnahmen von dieser Regel sind nur ein Fragment von Buch I, das schon 1051 von Grigor Magistros direkt aus dem Griechischen ins Armenische übersetzt wurde, sowie ein frühes Fragment in syrischer Sprache, von dem bis heute nicht eindeutig geklärt werden konnte, ob es aus dem Arabischen oder aus dem Griechischen übersetzt wurde und im letzteren Fall vielleicht sogar als zusätzliche Quelle der ersten arabischen Übersetzung durch al-Hadschdschadsch diente. Bemerkenswert ist jedenfalls, daß es anscheinend zu den wenigen auf einem vortheonischen Text beruhenden Dokumenten gehört, die bis heute erhalten blieben.

Die Bekanntschaft der indischen Mathematiker mit Euklid scheint ausschließlich über arabische Übersetzungen, Bearbeitungen und Kommentare vermittelt worden zu sein. Im Vordergrund standen dabei natürlich die *Elemente*, aber auch die *Data*, die *Optik* und die *Phaenomena* wurden mindestens den muslimischen Gelehrten Indiens schon im 14. Jh. durch die Rezension aṭ-Ṭusis bekannt. Unter der Moghul-Dynastie begannen auch Sanskrit schreibende Autoren Auszüge aus den *Elementen* in ihre Werke aufzunehmen. Die erste vollständige Sanskritübersetzung aller 15 Bücher nach der Fassung aṭ-Ṭusis schuf 1718 Jagannatha, der Hofastronom des selbst astronomisch tätigen Fürsten Jai Singh II von Jaipur. Einen größeren Einfluß auf die indische Mathematik hat Euklid allerdings auch danach nicht ausgeübt.

Die ersten vagen Hinweise auf eine mögliche Bekanntschaft chinesischer Gelehrter mit Teilen der *Elemente* stammen aus dem 13. Jh. Eine Sammlung offizieller Berichte über die mongolische Yuan-Dynastie, die um die Mitte des 14. Jh. angefertigt wurde,

enthält ein Kapitel über Bücher islamischer Verfasser, die von
den Mitarbeitern des astronomischen Büros am chinesischen
Kaiserhof studiert worden sind. Diese Aufzählung nennt u. a. ein
Werk in fünfzehn Büchern mit dem Titel *Ssu-Pi Suan Fa Tuan Shu*,
als dessen Verfasser *Wu-Hu-Lieh-Ti* angegeben wird. Dies könnte
eine chinesische Transliteration des Namens Euklid in seiner
arabischen Fassung Uqlidis sein. Unabhängig von dieser Hypothese lassen die vielfältigen und engen Beziehungen zwischen
China unter der Yuan-Dynastie und Teilen der islamischen Welt
unter der ebenfalls mongolischen Dynastie der Ilkhaniden die Benutzung der *Elemente* und vielleicht auch anderer Werke Euklids
in China in dieser Zeit als sehr wahrscheinlich erscheinen. Seit
der zweiten Hälfte des 13. Jh. arbeiteten islamische Militäringe-
nieure, Mathematiker und Astronomen in China. Ihr zeitweise
bedeutender Einfluß endete bald nach dem Sturz der Yuan-Dynastie im Jahre 1368. Auf die spätere Geschichte der *Elemente* in
China werden wir in einem anderen Zusammenhang zu sprechen
kommen.

Vor allem in den kulturellen Zentren der islamischen Dynastien
der Abbasiden im Zweistromland, der Fatimiden in Ägypten und
der Umaiyaden in Spanien wandten sich auch Juden dem Studium
philosophischer, mathematischer, astronomischer und medizini-
scher Literatur zu. Sie lasen und schrieben zunächst überwiegend
in arabischer Sprache. Ihre Einbeziehung in das arabischsprachige
wissenschaftliche Leben bildete jedoch die Grundlage für die
Entstehung einer Euklidtradierung in hebräischer Sprache, die
etwa im 12. Jh. begann. In dieser Zeit übersetzten Juden in Toledo
und anderen von christlichen Truppen eroberten islamischen Städ-
ten gemeinsam mit arabischen Christen und Mönchen aus verschiedenen Ländern Europas wissenschaftliche Werke aus dem Arabischen ins Lateinische. Gleichzeitig begannen sie auch, solche
Texte ins Hebräische zu übertragen, gefördert von jüdischen
Mäzenen in Spanien und Südfrankreich. Im 13. Jh. verstärkte
sich diese Übersetzertätigkeit und umfaßte zunehmend auch
Übersetzungen aus dem Lateinischen in Hebräische. Sie entwik-
kelte sich zu einem gesellschaftlich anerkannten und wirtschaft-
lich gesicherten Beruf.

Die hebräische Euklidüberlieferung bewegt sich in den von der
arabischen Tradierung vorgegebenen Bahnen, ohne ihre Vielfalt

oder ihre mathematische Tiefgründigkeit zu erreichen. Ins Hebräische übersetzt wurden die *Elemente*, die *Data*, die *Optik*, die *Katoptrik* sowie Kommentare und Zusammenfassungen der *Elemente* von al-Farabi, Ibn Sina und Ibn al-Haitham. Die meisten und bedeutendsten dieser Übersetzungen stammen von Moses ben Samuel ben Tibbon und Jacob ben Machir ben Tibbon, die im 13. Jh. in Montpellier lebten. Schon zu Beginn des 12. Jh. hatte Abraham bar Hiyya ha-Nasi, der auch unter dem Namen Savasorda bekannt wurde, in einer Schrift über praktische Geometrie Teile des Euklidischen *Buches über die Teilung von Figuren* in hebräischer Sprache überliefert. Sein Werk stimulierte die Verbindung zwischen theoretischer Geometrie und Anwendungsproblemen. Es wurde 1145 von Plato von Tivoli ins Lateinische übersetzt und beeinflußte u. a. das mathematische Schaffen des Leonardo von Pisa, genannt Fibonacci, der in seine 1220 geschriebene *Practica geometriae* nach dem Vorbild Savasordas ebenfalls ein spezielles Kapitel über die Teilung von Figuren aufnahm. Diese Schrift Fibonaccis ist wie bereits bemerkt die einzige Quelle für die ursprünglichen Beweise der auch nur arabisch erhalten gebliebenen 36 Teilungssätze Euklids.

Nach dem Vorbild und meist in enger Anlehnung an arabische Autoren entstanden auch in hebräischer Sprache Wissenschaftsenzyklopädien, in denen der Inhalt der *Elemente* zusammengefaßt mitgeteilt wurde, Studienanleitungen, Bibliographien und Kommentare. Eine eigenständige Bedeutung unter den hebräischen Kommentatoren Euklids scheint nur Levi ben Gerson zu besitzen, der im 14 .Jh. die Bücher I, III, IV und V der Elemente besprach und sich auch mit der Negation des Parallelenpostulats beschäftigte. Diese Einschätzung kann jedoch wie viele vorhergehende nur vorläufig sein, da auch die hebräische Euklidliteratur bisher im einzelnen wenig untersucht worden ist.

# Euklidrezeption in Europa bis zur Entdeckung und Anerkennung nichteuklidischer Geometrien

Es scheint gegenwärtig unmöglich (noch dazu auf sehr beschränktem Raum), das Thema dieses Kapitels systematisch oder chronologisch zu behandeln, einerseits wegen der ungeheuren Fülle der Fakten, die hier zu sammeln und zu verarbeiten wären, andererseits wegen des fehlenden Vorlaufs der mathematikhistorischen Forschung. Eine umfangreiche Spezialliteratur existiert lediglich über die mittelalterlichen Handschriften und die ersten Übersetzungen aus dem Griechischen und Arabischen ins Latein. Im folgenden wird versucht, sechs Teilaspekte herauszugreifen, die sich jedoch inhaltlich und zeitlich vielfach überschneiden. Jeder dieser Aspekte kann nur exemplarisch behandelt werden, wobei die Auswahl der Fakten weniger durch deren historisches Gewicht bestimmt ist als vielmehr durch die fragmentarischen Kenntnisse des Verfassers und das Bestreben, möglichst viele verschiedene Seiten der europäischen Euklidrezeption anklingen zu lassen.

## Das lateinische Mittelalter (6. bis 14. Jh.)

Der Untergang des weströmischen Reiches mündete in West- und Mitteleuropa in eine mehrhundertjährige Periode chaotischer Machtverhältnisse und — im Vergleich zur Antike — niedrigsten ökonomischen und technischen Niveaus. In dieser Zeit bildete sich allmählich die feudale Gesellschaftsordnung heraus, und mit ihr, sie formend und von ihr geformt, entwickelte sich die katholische Kirche zur alles beherrschenden Ideologie und zugleich zu einer erstrangigen weltlichen Macht. Den Resten antiker Kultur und Wissenschaft gegenüber verhielt sie sich im allgemeinen ablehnend, zugleich war sie genötigt, gewisse Bruchstücke davon als Bausteine ihrer eigenen Formierung zu übernehmen — in verblüffender Analogie zu der Art und Weise, wie die römischen Bauten jahrhundertelang als Steinbrüche für die Errichtung mittelalterlicher Bauwerke dienten. Der vordergründigste und wichtigste der von der Antike entlehnten Bausteine war die lateinische Sprache, die so für lange Zeit zur universellen (west)europäischen Sprache der Religion, Kultur und Wissenschaft wurde und sich derart fest mit der von ihr transportierten Ideologie verband, daß die später einsetzenden Bestrebungen, die geistige Bevormundung der Kirche abzuschütteln, ebenso zwangsläufig mit der Neubelebung des Altgriechischen oder dem Übergang zu lebenden Sprachen einhergingen.

Eine wichtige Rolle für die Übernahme antiken Bildungsgutes spielte am besonders schwierigen Beginn der römische Adlige Cassiodorus (um 490–um 583), eine Zeitlang „erster Minister" des Ostgotenkönigs Theoderich in Ravenna, der sich um 540 aus dem Staatsdienst in ein Kloster zurückzog, antike Handschriften sammelte, die Mönche zum Abschreiben solcher Manuskripte anhielt und Verzeichnisse der nach seiner Ansicht für die Mönche nützlichen bzw. unbedenklichen Wissensgebiete sowie der jeweils einschlägigen griechischen und römischen Autoren zusammenstellte. Auf ihn geht die endgültige Formierung der sieben freien Künste zurück, die sich aus dem Trivium[7] Grammatik, Rhetorik und Dialektik und dem Quadrivium Arithmetik, Harmonielehre, Geometrie und Astronomie zusammensetzten und den Lehrbetrieb an den Klosterschulen, später Dom- oder Kathedralschulen sowie an den vom 12. Jh. an entstehenden Universitäten das dem eigentlichen Studium (der Theologie, Rechtswissenschaft oder Medizin) vorangehende studium generale bestimmten. Da bis zum Ende des hier zu besprechenden Zeitraumes kein nennenswerter praktischer Bedarf an mathematischen Kenntnissen bestand, wurden Umfang und Zielsetzung der sehr bescheidenen Unterweisung in Arithmetik und Geometrie von philosophischem Interesse an den mathematischen Begriffen und methodologischem Interesse am beweisenden Vorgehen der Mathematik diktiert. Vielleicht konnte man nach diesem Vorbild gewisse offenkundige Widersprüche der christlichen Lehre überwinden. Im Vordergrund aber stand, namentlich in den ersten Jahrhunderten, das Lernen um

---

[7] Davon ist die heute übliche und auch in diesem Buch mehrfach benutzte Bezeichnung trivial für sehr einfache, keiner Erklärung bedürftige bzw. im Anfangsunterricht zu behandelnde Dinge abgeleitet.

des Lernens willen, stumpfsinnige und kritiklose Weitergabe von oft unverstandenen, zufällig überlieferten Bruchstücken antiker Gelehrsamkeit, demütige Unterwerfung unter die Autorität alles Geschriebenen.

Die älteste mittelalterliche Quelle gewisser Kenntnisse über die *Elemente* Euklids bilden Manuskripte des Römers Boëthius (um 480–524), eines vertrauten Beraters Theoderichs, der aber eingekerkert und schließlich hingerichtet wurde, da er, wohl zu Unrecht, der Beteiligung an einer Verschwörung katholischer Römer gegen die arianische Gotenherrschaft beschuldigt wurde. Gerade dieser Umstand führte aber zu einer besonderen Wertschätzung der von Boëthius hinterlassenen, ziemlich dürftigen Auszüge aus den *Elementen* durch die Kirche und begünstigte wahrscheinlich die Erhaltung einer schwachen euklidischen Tradition in den für die Erhaltung antiken Gedankengutes besonders kritischen Anfangsjahrhunderten des europäischen Feudalismus. In dieser Zeit gab es keine klaren Vorstellungen von der Person und dem Werk Euklids. Mitunter wurden die Namen Euklid und *Elemente* verwechselt, meist aber die gesamte Mathematik als eigene Erfindung des Boëthius angesehen.

Die Auszüge des Boëthius sind in zwei verschiedenen Versionen I (ältestes erhaltenes Manuskript vermutlich aus dem 8. Jh.) und II (1. Hälfte des 11. Jh.) in relativ vielen Exemplaren erhalten geblieben. Dies deutet darauf hin, daß die Beschäftigung mit Euklid in dem durch Boëthius gegebenen Umfang schon im frühen Mittelalter in den meisten Klöstern üblich war. Freilich enthalten diese Manuskripte hauptsächlich Definitionen und Axiome, nur wenige Lehrsätze und kaum Beweise.

Zugang zu besseren Quellen eröffnete sich durch den Kontakt mit der islamischen Welt, insbesondere im teils maurischen, teils christlichen Spanien. Nach der Rückeroberung Toledos im Jahre 1085 entstand dort ein Übersetzungszentrum. Dort wirkte u. a. der aus der Lombardei stammende Gerhard von Cremona (1114 bis 1187) von 1144 bis zu seinem Tode, unter dessen Leitung über 70 wissenschaftliche Werke aus dem Arabischen ins Latein übersetzt wurden, darunter 29 mathematische und astronomische Texte. Von seiner Übersetzung der *Elemente* (um 1150) sind heute 8 Manuskripte bekannt, deren erstes erst 1901 von A. Björnbo wiedergefunden wurde. Außerdem übersetzte Gerhard von

Cremona von Euklid die *Data*, die *Optik* und die *Katoptrik* sowie
die Kommentare des Pappos und des an-Nairisi zu den *Elementen*.
Weitere Übersetzungen der *Elemente* entstanden im 12. Jh. in
Spanien durch Hermann von Kärnten (um 1140) und den weitge-
reisten britischen Mönch Adelhard von Bath (um 1120). Die dem
Adelhard zugeschriebenen Texte sind von nachhaltigem Einfluß
gewesen und in mehreren Versionen in ziemlich vielen Exempla-
ren verbreitet, wobei folgende drei Hauptvarianten unterschieden
werden [41]:
I. eine getreue Übersetzung nach der arabischen Fassung des al-
Hadschdschadsch,
II. eine mathematisch gehaltvolle Kurzfassung, die statt der
Originalbeweise nur die jeweils dafür zu verwendenden Axiome
und vorangehenden Propositionen bzw. gewisse Beweisideen
angibt, (diese Fassung ist in mehr als 50 Exemplaren erhalten),
III. zahlreiche Zwischenformen.
Eine andere wichtige Kontaktstelle befand sich in Unteritalien und
Sizilien, wo es unter der Herrschaft einiger unorthodoxer Feudal-
herren zeitweise zu fruchtbarer Zusammenarbeit von europäischen
und islamischen Gelehrten und im 12. Jh. sogar zur Gründung
einer recht weltlichen medizinischen Hochschule in Salerno
kam, die um 1180 von der Kirche gewaltsam geschlossen wurde.
In diesem geistigen Klima entstand um 1160 eine anonym ge-
bliebene erste vollständige Übersetzung der *Elemente* nach einem
griechischen Text, die jedoch keine nennenswerte Verbreitung
fand und nur durch Zufall erhalten blieb.
Neuere Untersuchungen zahlreicher mittelalterlicher Euklidhandschriften belegen, daß es zu intensiven Bemühungen kam, aus den
bis zum Ende des 12. Jh. zugänglich gewordenen Quellen einen
mathematisch sinnvollen und zugleich möglichst quellengetreuen
Text zu rekonstruieren. Im Unterschied zur Euklidrezeption der
islamischen Gelehrten führten diese Bemühungen jedoch nicht
einmal zu einem vollen Verständnis des Werkes, geschweige denn
zur schöpferischen Aneignung und Weiterentwicklung einzelner
Aspekte. Den Schwerpunkt der inhaltlichen Überlegungen bildete
der Versuch, die eudoxische Proportionentheorie des Buches V zu
verstehen und, da dies nicht gelang (zum Teil auch infolge ver-
derbter Quellen und Übersetzungsschwierigkeiten), sie durch eine
auf kommensurable Größen bzw. auf ganze Zahlen reduzierte,

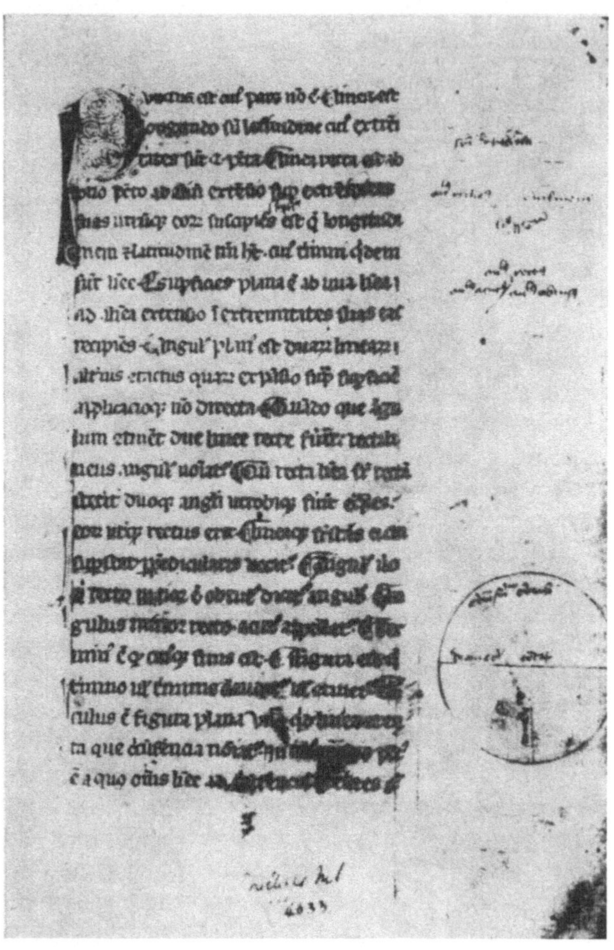

16 Ein Blatt der Elemente-Übersetzung des Johannes Campanus [Rara Arithmetica, London – Boston 1908]

von zahlreichen numerischen Beispielen gestützte, weniger allgemeine Theorie zu ersetzen. Andere Fragen, in denen die Übersetzer und Bearbeiter des 12. bis 14. Jh. mit Beispielen, zusätzlichen Erklärungen und mystisch-philosophischen Spekulationen über den euklidischen Text hinausgingen, waren das Problem, hornförmige (d. h. von einem Strahl und einem Kreisbogen gebildete) Winkel der Größe nach mit gewöhnlichen Winkeln zu vergleichen

100

und – natürlich – das für sie kaum verständliche Buch X. Zu erwähnen sind in diesem Zusammenhang Johannes Campanus aus Novara, der um 1255 jene neue lateinische Übersetzung und Bearbeitung der *Elemente* schuf, die 1482 der ersten Druckausgabe zugrunde lag, ein an den Kommentar des an-Nairisi angelehnter Kommentar aus dem 13. Jh., der dem an der Pariser Universität wirkenden großen Aristoteliker Albertus Magnus zugeschrieben wird, sowie im 14. Jh. die Schrift *De geometria speculativa* des Oxforder Magisters und späteren Erzbischofs von Canterbury Thomas Bradwardine. Die Fassung von Campanus stimmt in den Propositionen wörtlich mit Adelhard II überein, gibt aber vollständige Beweise, zum Teil unter Benützung verschiedener arabischer Quellen, zum Teil mit eigenständigen Beiträgen, die insgesamt wohl das höchste damals mögliche mathematische Niveau repräsentieren. Die Schrift des Thomas Bradwardine war eine für philosophisch interessierte Theologen geschriebene recht originelle Kurzfassung des aus dieser Sicht wesentlichen Inhalts der *Elemente*. Übrigens war um diese Zeit und noch bis ins 16. Jh. die Meinung verbreitet, nur die Definitionen, Axiome, Postulate und Propositionen der *Elemente* seien von Euklid, die Beweise aber von Theon oder anderen späteren Autoren hinzugefügt, weshalb letztere mit geringem Respekt vor dem überlieferten Wortlaut behandelt wurden.

Wenn auch eine mehr oder weniger tief gehende Kenntnis der *Elemente* bei allen bedeutenderen Theologen des 12. bis 14. Jh. verbreitet war, so darf man sich doch keine falschen Vorstellungen von der Breitenwirkung oder dem Niveau dieses Wissens machen. Roger Bacon, der bedeutende englische Vorkämpfer des auf Erfahrung gegründeten Wissens, der wohl selbst ein recht schwacher Mathematiker war, beschreibt in seinem *Opus tertium* im 13. Jh. sehr drastisch, wie den Klosterschülern mit Rutenschlägen die ersten vier Propositionen der *Elemente* eingetrichtert wurden. Der fünfte Satz heiße bei ihnen Elefuga, d. h. Flucht der Unglücklichen.


## Renaissance, Humanismus und erste Druckausgaben

Das 15. Jh. brachte mehrere wesentliche Fortschritte in der europäischen Euklidrezeption. Erstens entstand mit dem Aufblühen von Handwerk und Gewerbe, Handel und Verkehr ein vielfältiger Bedarf an praktisch verwertbaren mathematischen Kenntnissen, und vor allem erfaßte dieser Bedarf nicht nur eine kleine Schicht von Gelehrten und Gebildeten, sondern breite Kreise der Bevölkerung. Zweitens spiegelte sich die Opposition des sich entwickelnden Bürgertums gegen den ideologischen Herrschaftsanspruch der Kirche in einer Hinwendung zu antiker Kunst und Wissenschaft wider, die der ganzen Epoche ihren Namen geben sollte: Renaissance, Wiedergeburt. Die Renaissance förderte auch das Interesse an der bis dahin fast verlorenen altgriechischen Sprache und die Bemühungen, Texte griechischer Autoren im griechischen Wortlaut wiederherzustellen. Dieser Aufgabe wandten sich vor allem die sogenannten Humanisten zu, deren Wirksamkeit jedoch dadurch gehemmt wurde, daß sie an der zeitgenössischen Produktion, Technik und Naturwissenschaft kaum interessiert waren, vielmehr lediglich antike Autoritäten gegen scholastische setzten. Man kann wohl sagen, daß die philologische Akribie, die später zeitweise das inhaltlich-mathematische Interesse an Euklids Werken überwuchern sollte, ein Kind dieser von wahrer Begeisterung für alles Griechische geprägten Zeit war. Hinzu kommt, daß nach der Eroberung Konstantinopels durch die Türken im Jahre 1453 zahlreiche byzantinische Gelehrte in Italien Zuflucht suchten, so z. B. der Vater des Francesco Maurolico, der unter vielen anderen antiken astronomischen Schriften auch die *Phaenomena* des Euklid übersetzte. Diese Gelehrten trugen zur neuerlichen Verbreitung des Altgriechischen (natürlich nur unter den Gelehrten) bei. Als dritte wichtige Komponente ist die Erfindung des Buchdrucks um 1445 zu nennen, die es erstmals ermöglichte, auch die Werke Euklids in großer Anzahl zu verbreiten, somit ihr Studium und in gewissem Umfang sogar den Kauf auch breiteren Schichten der Bevölkerung zugänglich zu machen.

Tatsächlich gehören die *Elemente* in der lateinischen Bearbeitung von Johannes Campanus zu den ersten gedruckten Büchern. Diese Erstausgabe (Abb. 17/18) wurde 1482 in Venedig von dem aus Augsburg stammenden Drucker und Verleger Erhard Ratdolt hergestellt. Ein Exemplar dieser bibliophilen Kostbarkeit ersten Ranges besitzt die Universitätsbibliothek Leipzig. Im Unterschied zu allen späteren Ausgaben der *Elemente* beginnt hier schon auf dem reich geschmückten Titelblatt ohne jegliche Vorrede der eigent-

102

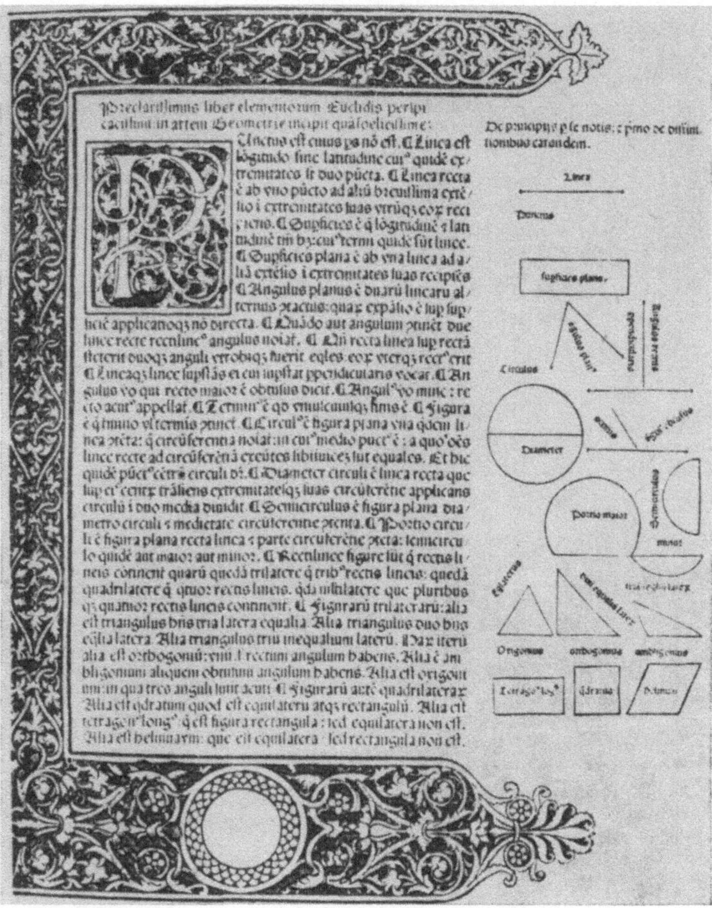

*17* Titelblatt der ersten Druckausgabe der Elemente, Venedig 1482 [Univ.-bibliothek Leipzig]

liche Text der *Elemente* (Abb. 17). Exemplare dieser Erstausgabe wurden auch noch in den folgenden Jahren gedruckt, bevor schon sehr bald Nachdrucke durch andere Verleger und auch in leicht veränderter Gestalt bei Ratdolt selbst einsetzten. In heutigem Jargon kann man daher die *Elemente* Euklids durchaus als einen „Bestseller" bezeichnen. 1501 wurde dann in Venedig eine umfangreiche Enzyklopädie des Arztes Georg Valla gedruckt, in der

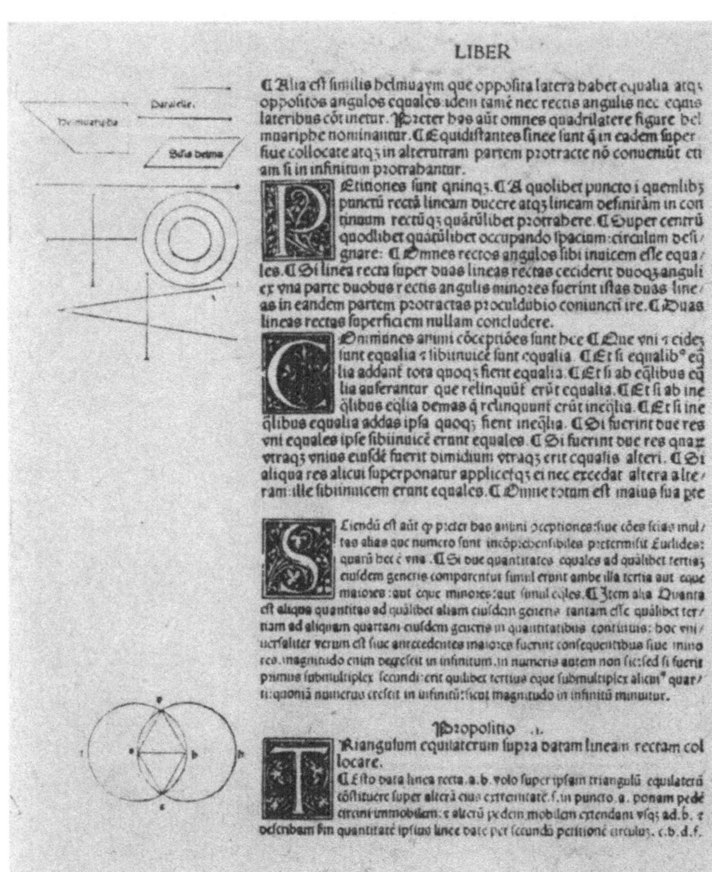

*18* Seite 2 dieser Ausgabe

neben anderen griechischen mathematischen und naturwissenschaftlichen Texten auch Teile der *Elemente* und anderer Schriften Euklids (alles in lateinischer Übersetzung) enthalten waren. Die erste Druckausgabe der *Elemente* in griechischer Sprache erschien 1533 in Basel bei Johann Herwagen. Sie enthielt zusätzlich den Kommentar des Proklus Diadochus und war von dem Humanisten Simon Grynaeus aus dem Kreis um Erasmus von Rotterdam ediert, der u. a. auch an der griechischen Ausgabe des

104

Neuen Testaments durch Erasmus mitgewirkt hat. Eine Auswahl weiterer Druckausgaben (in lateinischer bzw. griechischer Sprache) gibt Übersicht 2. Dort sind für die Anfangszeit viele, auch weniger bedeutende Ausgaben genannt, um die rasche Aufeinanderfolge der Drucke und den dahinter sichtbaren hohen Bedarf zu dokumentieren. Ab 1516 beschränkt sich die Übersicht auf wesentliche bzw. später im Text erwähnte Ausgaben.

Übersicht 2:

Einige frühe Druckausgaben der *Elemente* in lateinischer Sprache

| Jahr | Übersetzer bzw. Bearbeiter oder Herausgeber | Druckort | Besonderheiten |
| --- | --- | --- | --- |
| 1482 | Johannes Campanus | Venedig | erste Druckausgabe |
| 1486 | Nachdruck der Ausgabe 1482 | Ulm | |
| 1489 | Luca Pacioli nach Campanus | Venedig | |
| 1491 | Nachdruck der Ausgabe 1482 | Vicenza | |
| 1501 | Georg Valla | Venedig | Buch I—VI |
| 1505 | Bartolomeo Zamberti | Venedig | Neuübersetzung aus dem Griech., enthält auch Data, Optik, Katoptrik, Phaenomena u. a. |
| 1506 | Ambrosius Lacher | Frankfurt/ Oder | nur Buch I—IV |
| 1509 | Nachdruck der Ausgabe 1489 | | |
| 1510 | erster Nachdruck der Ausgabe Zamberti | | |
| 1511 | anonym | Paris | nur Buch I—IV |
| 1513 | Nachdruck der Ausgabe Zamberti | | |
| 1516 | Nachdruck der Ausgabe 1511 | | |
| 1516 | Jacques Lefèvre d'Etaples (Jacob Faber Stapulensis) | Paris | erste Doppelausgabe Campanus (Pacioli)/ Zamberti |
| 1530 | Oronce Fine (Orontius Finaeus) | Paris | Buch I—VI |
| 1541 | Pierre de la Ramée (Petrus Ramus) | Paris | |
| 1557 | Jacques Peletier (Jacobus Peletarius) | Lyon | Buch I—VI |
| 1557 | St. Gracilis | Paris | griech.-lat. erste Ausgabe der Jesuiten |
| 1564 | Konrad Rauchfuss (Dasypodius) | Straßburg | griech.-lat. |
| 1566 | François Foix de Candalle (Candalla) | Paris | |

| Jahr | Übersetzer bzw. Bearbeiter oder Herausgeber | Druckort | Besonderheiten |
| --- | --- | --- | --- |
| 1570 | Dasypodius | Straßburg | griech.-lat., enthält auch Optik, Katoptrik, Phaenomena, Musiktheorie |
| 1572 | Federigo Commandino | Pesaro | |
| 1574 | Christoph Schlüssel (Clavius) | Rom | maßgebende Ausgabe für rund 150 Jahre |
| 1654 | Andreas Taquet | Antwerpen | |
| 1703 | David Gregory | Oxford | wichtigste textkritische griech.-lat. Standardausgabe der sämtlichen Werke Euklids bis Ende des 19. Jh. |

1505 erschien in Venedig eine neue Übersetzung der *Elemente*, der *Data*, der *Optik*, *Katoptrik* und der *Phaenomena* sowie der Kommentare von Pappos zu den *Elementen* und des Marinos zu den *Data* durch Bartelomeo Zamberti, der für die Übersetzung der *Elemente* ein griechisches Manuskript der von Theon vorgenommenen Endfassung benutzt hatte. Im Hochgefühl seiner älteren (und daher besseren?) Quelle und seiner überlegenen Sprachkenntnisse übte Zamberti scharfe Kritik an dem rund 250 Jahre früheren Campanus, den er als „interpres barbarissimus" (unübertrefflich barbarischen Übersetzer) bezeichnete. Andererseits zeigte er sich dem mathematischen Inhalt kaum gewachsen und übersetzte daher an vielen Stellen sinnwidrig. Auch Zamberti nahm an, daß der von ihm hochgeschätzte Theon der Urheber der Beweise sei, und diese Meinung wurde erst 1574 durch Clavius entschieden bekämpft. Nach 1505 spalteten sich die Interessenten an Euklid in die zwei Parteien der Campanus- bzw. der Zambertianhänger. Ihr Streit illustriert das gegenseitige Nichtverstehen der beiden bis heute bestehenden Hauptrichtungen der Euklidtradition, die einerseits den mathematischen Inhalt ohne großen Respekt vor dem Wortlaut aneignen und weiterentwickeln, andererseits dem Phantom des „ursprünglichen griechischen Originaltextes" nachjagen und dessen literarisches Schicksal durch die Jahrhunderte bis ins Detail aufzuklären versuchen. Ab 1516 erschienen zahlreiche Ausgaben, die den Text

in den beiden Versionen „ex Campano" und „Theon ex Zamberti"
gegenüberstellten, so die Entscheidung dem Leser überlassend.
Leider ist über die Auflagenhöhen der frühen Druckausgaben und
damit über das Ausmaß ihrer Verbreitung nichts bekannt. Die meisten sind heute recht selten, andererseits besitzen ältere Universitäten in der Regel mehrere solcher Kostbarkeiten, z. B. die Universität Leipzig 2 Ausgaben aus dem 15. und 14 aus dem 16. Jh., die
kleine Universität Greifswald immerhin 7 Ausgaben aus dem 16. Jh.
Am Beispiel des Johannes Müller genannt Regiomontanus, des
bedeutendsten europäischen Mathematikers des 15. Jh., wollen
wir nun noch einige charakteristische Details des Verhältnisses
schöpferischer Renaissance-Persönlichkeiten zu Euklid beleuch-
ten. Regiomontanus ließ sich nach Studium in Leipzig und Wien,
mehrjährigem Aufenthalt in Italien und kurzer Lehrtätigkeit an
der Universität Preßburg (Bratislava) 1471 in Nürnberg nieder
und gründete eine Druckerei, in der er sowohl Werke antiker
Autoren in neuen oder von ihm korrigierten Übersetzungen als
auch eigene Werke herausgeben wollte. Seine erneute Romreise
1471 und sein früher Tod dort verhinderten den größten Teil
seiner Vorhaben, jedoch ist eine gedruckte Ankündigung erhalten
geblieben (dtsch. Übersetz. [31, S. 453—56]), die einen vollständigen
Überblick über das gesamte Verlagsprojekt vermittelt. Unter
den zu druckenden fremden Werken befinden sich

die Elemente des Euklid mit den Sternaufgängen des Hypsikles in der Ausgabe
des Campanus, jedoch unter Ausmerzung der meisten Fehler, die auch in
einem eigenen kleinen Kommentar angegeben werden.

Dieser Kommentar ist in der Spalte „Eigene Werke" wie folgt
bezeichnet:

Ein kleiner Kommentar, in dem aufgezeigt wird, daß die Lehren des Campanus
aus der Ausgabe der geometrischen Elemente zu entfernen sind.

Die Wertschätzung, die auch Regiomontanus dem Theon entge-
genbringt, wird an mehreren Stellen deutlich, z. B. will er drucken

die Kommentare zum Almagest von dem sehr berühmten Mathematiker
Theon von Alexandria (Euklid wird von ihm nirgends mit solchen Attri-
buten belegt — P. S.) sowie

eine Verteidigung des Theon von Alexandria gegen Georg von Trapezunt . . .

Zum Zweck der kritischen Neuausgabe der *Elemente* hatte Regiomontanus mindestens vier (vielleicht sogar sechs) verschiedene
Fassungen gesammelt. Eine Abschrift einer Adelhard-Version

von Regiomontanus' eigener Hand mit dessen Randbemerkungen erwarb 1523 Dürer, der seinerseits schon 1507 in Venedig für einen Dukaten den Druck der Zamberti-Übersetzung gekauft hatte. Beides steht in offensichtlichem Zusammenhang mit Dürers 1525 erschienener *Underweysung der Messung* ..., seinem berühmten Lehrbuch der praktischen Geometrie für Künstler, in dem er sich ausdrücklich an diejenigen wendet, die geometrischer Kenntnisse bedürfen, aber den bis dahin nur lateinisch gedruckten Euklid nicht lesen können. Der wenig bekannte, 1956 erstmals gedruckte Entwurf [31] einer umfangreichen Sammlung von geometrischen (und arithmetischen) Sätzen und Aufgaben, die Regiomontanus veröffentlichen wollte, zeigt, daß er bei genauer Kenntnis der *Elemente* insgesamt wenig davon beeinflußt war. Aufbau und Inhalt sind durchaus eigenständig, selbst die Definitionen und Grundsätze, die auch er den einzelnen Kapiteln voranstellt, weichen erheblich von denen Euklids ab. Auch Dürers mathematisch hochstehende theoretische Schriften bestätigen dies: Die Mathematiker gehen mit dem Ende des 15. Jh. ihre neuen eigenen Wege.

## Euklid bei den Jesuiten

Im Zuge der Gegenreformation wurde 1534 die Gesellschaft Jesu gegründet, zu deren Strategie, die Rekatholisierung von oben herab zu betreiben, d. h. zunächst die Fürsten oder andere hohe und einflußreiche Einzelpersonen für den Katholizismus zurückzugewinnen, es gehörte, ein besonders attraktives und leistungsfähiges Bildungssystem aufzubauen. In den von Jesuiten geführten Schulen und Hochschulen nahm die Mathematik und innerhalb dieser wiederum Euklid einen hervorragenden Platz ein, da sie als ideologisch neutral und andererseits als von hohem Bildungswert für das Training des Scharfsinnes geschätzt wurden. Später kam die Aufgabe hinzu, gediegen gebildete Fachleute für die Auseinandersetzung mit den Anhängern der Lehren von Kopernikus und Galilei auszubilden. Im 16. bis 18. Jh. waren viele bedeutende Mathematiker und Vertreter benachbarter Wissenschaften Jesuiten, so z. B. Christoph Grienberger, Christoph Scheiner, Paul Guldin, Gregoire de Saint Vincent, Athanasius Kircher, Tommaso Ceva, Ruder Joseph Boscovich, Girolamo

Saccheri, Jacopo Riccati. Im Schaffen aller dieser Männer lassen sich die Spuren der besonders intensiven Berührung mit Stil und Inhalt der *Elemente* Euklids nachweisen.

Die Jesuiten begannen schon 1557, für ihre Kollegien eigene Euklidausgaben zu drucken. Überaus bedeutend wurde vor allem die zweibändige Bearbeitung von Christoph Clavius (eigentlich Schlüssel), die erstmals 1574 in Rom erschien, bis 1738 mindestens 22 Auflagen erlebte und für diesen Zeitraum zur maßgebenden Edition wurde. Der 1537 in Bamberg geborene Clavius trat 1555 dem Jesuitenorden bei, studierte in dessen Auftrag beim damals besten Mathematiker Europas, bei P. Nunez in Portugal, und

19 Christoph Clavius [62]

wirkte danach als Professor für Mathematik am jesuitischen Kollegium Romanum in Rom. In einer sehr weitschweifigen Einleitung begann Clavius mit den Kirchenvätern, lobte den Nutzen mathematischer Studien für die Vorbereitung auf einen theologischen Beruf und berichtete alles, was sich bis zum 16. Jh. an historischem Wissen rund um die *Elemente* angesammelt hatte. Er bereicherte aber auch den eigentlichen Text durch zahlreiche Anmerkungen, Einschübe und ein angehängtes Buch XVI und fügte auf diese Weise den rund 480 Propositionen Euklids 671 weitere Propositionen hinzu, darunter viele neue Konstruktionsaufgaben und neue, einfachere Lösungen von Aufgaben Euklids. Dabei überschritt er großzügig den Bereich der mit Zirkel und Lineal lösbaren Aufgaben, behandelte z. B. auch die Winkeldreiteilung mit verschiedenen Methoden und Instrumenten und die Konstruktion des regulären Sieben- und Neunecks. Von den vielen Zutaten des Clavius, die sich bis heute in der Schulgeometrie erhalten haben, seien nur der vierte Kongruenzsatz und die Konstruktion der gemeinsamen Tangenten zweier Kreise erwähnt. Clavius wies als erster Autor der Neuzeit die beiden jahrhundertelang vertretenen Meinungen zurück, wonach der Verfasser der *Elemente* identisch mit dem Philosophen von Megara bzw. Theon der Urheber der überlieferten Beweise der *Elemente* sein wollte.

Neben den häufigen Nachauflagen der Edition Clavius gab es zahlreiche weitere Jesuitenausgaben der *Elemente*, zum Teil Auszüge aus der Fassung von Clavius für den Gebrauch an Schulen verschiedenen Niveaus, zum Teil aber auch selbständige Bearbeitungen. Wir nennen die Ausgaben von J. Lanz (1617), C. Malapertius (1620), Chr. Grienberger (1636), C. Richard (1645), G. Fournier (1654) und A. Tacquet (1654).

Zu den Aufgaben jesuitischer Kollegien gehörte auch die Ausbildung von Missionaren. Was hätte näher gelegen, als die Ausbildung in arabischer Sprache für die für den Orient bestimmten Missionare an einem Lehrstoff wie den *Elementen* Euklids vorzunehmen, der zugleich einen möglichen unverfänglichen Anknüpfungspunkt für Gespräche mit gebildeten Mohammedanern hergab. So erklärt sich der bereits erwähnte Druck der sogenannten Pseudo-Tusi-Version in arabischer Sprache in Rom im Jahre 1594.

Zu den interessantesten Schülern des Clavius zählt Matteo Ricci. Er gehörte zur Gruppe der ersten jesuitischen Missionare, die 1583 nach China kamen. Die einflußreiche Stellung, die diese Missionare Anfang des 17. Jh. am chinesischen Kaiserhof erringen konnten, beruhte zum größten Teil auf ihren überlegenen mathematischen

110

und astronomischen Kenntnissen. Ricci verfaßte in diesem
Zusammenhang schon 1595 eine Teilübersetzung der *Elemente*
nach der Edition Clavius ins Chinesische. Um den beabsichtigten
Erfolg zu erzielen, hätte die Übersetzung jedoch genau den in
der höheren chinesischen Beamtenschaft gepflegten literarischen
Stil treffen müssen. Erst eine zweite Übersetzung der Bücher
I–VI, die Ricci (chines. Li-Mato = Ri(cci), Ma-th(e)o) mit Unter-
stützung des Ministers Li Chi Ts'ao herausgab, der als einer der
besten Stilisten Chinas galt, brachte die gewünschte Anerkennung.
Diese Übersetzung wurde in den Jahren 1618, 1629, 1721, 1723
und 1860 wieder aufgelegt. (Die restlichen Bücher der *Elemente*
wurden erst 1862 von dem chinesischen Mathematiker Li Shan-lan
und dem britischen Sinologen A. Wylie gemeinsam übersetzt.)
Anläßlich des 400. Jahrestages der Ankunft Matteo Riccis in
China erschienen 1983 die beiden abgebildeten Briefmarken
(Abb. 20). Sie dokumentieren die Bedeutung, die Ricci für den
Kontakt der chinesischen mit der europäischen Wissenschaft
gehabt hat. (Auf seine zahlreichen weiteren wissenschaftlichen
Leistungen können wir hier nicht eingehen.)

*20* Briefmarken anläßlich des 400. Jahrestages der Ankunft von Matteo
Ricci in China

Über G. Saccheri, den letzten bedeutenden Jesuiten in der Geschichte der *Elemente* Euklids, kann man sich hinreichend an

anderer Stelle informieren [48], [126]. Hier soll nur auf die leider zu wenig bekannte Tatsache hingewiesen werden, daß sich in seiner berühmten Abhandlung *Der von jedem Makel befreite Euklid* aus dem Jahre 1733 erstmals die beiden fundamentalen Sätze der absoluten (d. h. vom Parallelenpostulat unabhängigen) Geometrie befinden, die später von Legendre wiedergefunden wurden und nun nach diesem benannt werden:

1. Die Summe der Winkel eines beliebigen Dreiecks ist nicht größer als 180°.
2. Ist diese Summe für irgendein Dreieck gleich 180°, so gilt dies für alle Dreiecke.


## Volkstümliche Ausgaben in lebenden Sprachen

Wie schon bemerkt, war für die Renaissance ein rasch wachsendes Interesse und Bedürfnis breiter Kreise an praktisch verwertbaren mathematischen Kenntnissen charakteristisch. Die wesentlichsten Beiträge zur Weiterentwicklung der Mathematik kamen in dieser Zeit von Praktikern und Amateuren aller Art. Zu dieser Traditionslinie der Mathematik, die sich — vielfach gewandelt — bis in die anwendungsbetonte Mathematikpflege an den technischen Bildungsanstalten des 19. Jh. fortsetzte, gehören die zahlreichen volkstümlichen Euklidausgaben des 16. bis 18. Jh. (Sie sind wohl zu unterscheiden von den in Übersicht 4 erfaßten modernen, meist auf dem Heiberg-Menge-Text beruhenden Ausgaben in lebenden Sprachen, die sich mit völlig anderen Absichten an einen ganz anderen Leserkreis wenden.)

Übersicht 3:

Erstausgaben der *Elemente* in lebenden Sprachen

| Jahr | Sprache | Übersetzer bzw. Herausgeber | Bemerkungen |
| --- | --- | --- | --- |
| 1543 | italien. | Nicolo Tartaglia | |
| 1551 | engl. | Robert Recorde | Bearb. von Buch I—IV |
| 1555 | deutsch | Johann Scheybl | nur Buch VII—IX |
| 1562 | deutsch | W. Holtzmann (Xylander) | Buch I—VI |
| 1564/66 | franz. | Pierre Forcadel | Buch I—IX |
| 1570 | engl. | Henry Billingsley/John Dee | |
| 1576 | span. | Rodrigo Zamorano | Buch I—VI |
| 1606 | niederländ. | Jan Pietersz Dou | Buch I—VI |

112

| Jahr | Sprache | Übersetzer bzw. Herausgeber | Bemerkungen |
| --- | --- | --- | --- |
| 1615 | franz. | Denis Henrion | |
| 1695 | niederländ. | Vooght | |
| 1737 | dän. | I. F. Ramus | Buch I—VI, XI, XII |
| 1739 | russ. | Iwan Astarow | |
| 1744 | dän. | Ernest Gottlieb Ziegenbalg | |
| 1744 | schwed. | Mårten Stroemer | Buch I—VI |
| 1807 | poln. | Josef Czech | Buch I—VI, XI, XII |
| 1865 | ungar. | Samuel Brassai | |

Die hier zu betrachtende Seite der Euklidrezeption beginnt vielleicht am 11. 8. 1508, an diesem Tag hielt der Franziskaner und bedeutende Mathematiker Luca Pacioli vor über 500 Zuhörern in der Bartholomäuskirche zu Venedig einen öffentlichen Vortrag über Buch V der *Elemente*. [68, S. 68] Im Streit der Campanus-gegen die Zamberti-Anhänger war Pacioli einer der engagiertesten Verteidiger von Campanus. Er gab die Schuld an den Fehlern den arabischen Quellen und den zahlreichen zwischengeschalteten Abschreibern. 1509 gab er eine korrigierte Auflage des Campanus-Erstdruckes von 1482 heraus, in der er vor allem zahlreiche Fehler in den Abbildungen, die sich im Lauf der Zeit eingeschlichen hatten, ausgebessert hatte. Pacioli dürfte es auch gewesen sein, dem Leonardo da Vinci seine Kenntnis der *Elemente* verdankte. Obwohl Leonardo in seinen überall verstreuten Notizen mathematischer Art niemals den Namen Euklid erwähnte, war er ohne Zweifel zumindest mit Buch I gut vertraut, rang um bessere Formulierungen von Definitionen und Axiomen und um das Verständnis komplizierterer Sätze.

Es ist kein Zufall, daß die erste Übersetzung der *Elemente* in eine lebende Sprache 1543 in Italien zustande kam, wo die frühbürgerliche Entwicklung und mit ihr das wissenschaftlich-praktische Interesse derjenigen, denen mit der lateinischen Sprache auch der Zugang zur Gelehrsamkeit der Universitäten verschlossen war, am weitesten vorangeschritten waren. Es ist auch kein Zufall, daß diese Übersetzung von Nicolo Tartaglia stammte, einem Mann aus dem Volk, der sich als Rechenmeister und technischer Berater in die erste Reihe der Renaissancemathematiker hinaufarbeitete und lebenslang mit der sterilen Gelehrsamkeit der Universitäten im Streit lag.

21 Nicolo Fontana, genannt Tartaglia [Istoria Mat., Bd. 7, Moskau 1970]

Im folgenden wollen wir etwas ausführlicher die deutschen Volks-
ausgaben der *Elemente* betrachten, wobei auch solche Bücher
einzubeziehen sind, die keine direkten (Teil-)Übersetzungen sind.
1532 erscheint in Nürnberg *Das erst Buch der Geometria* von
Wolffgang Schmid, Rechenmeister zu Bamberg, keine Übersetzung, sondern eine an Buch I angelehnte Eigenschöpfung (2. Auflage 1539).
1555 folgt die erste deutsche Teilübersetzung der Bücher VII–IX
durch Johann Scheybl, die sich ausdrücklich an den „gemainen
Rechner" wendet (Abb. 22).
1562 gibt es dann eine Übersetzung der Bücher I–VI durch Wilhelm Holtzmann (Xylander), Professor der Logik an der Universität Heidelberg. Sie erschien gleichzeitig in Basel (Abb. 23)
und Augsburg. Xylander hatte die meisten Beweise weggelassen
oder (vielen Vorgängern folgend) durch Zahlenbeispiele ersetzt
und gab in der Einleitung seine Begründung dafür an:

Mögen auch etwa schwerlich von Ungelehrten begriffen werden, und ein
einfältiger deutscher Liebhaber dieser Künste ist wohl zufrieden, so er die

114

Das sibend/acht vnd
neünt buch/des hochberümbten Mathematici Euclidis Megarensis/in welchen der
operationen vnnd regulen aller gemainer rech-
nung/vrsach grund vnd fundament/angezaigt wirt/
zu gefallen allen den/so die kunst der Rechnung liebha-
ben/durch Magistrum Johann Scheybl/der löbli-
chen vniuersitet zu Tübingen des Euclidis vnd Arithmetic Ordinarien / auß dem latein ins teutsch
gebracht/vnnd mit gemainen exemplen also
illustrirt vnnd an tag geben/das jr ein
yeder gemainer Rechner leichtlich
verstehn/vnnd jme nutz
machen kan.

Mit Römischer Künigklicher Maiestat gnade
vnd freyhait/in sechs jaren nit
nachzuerucken.

1 5 5 5.

22  Ausgabe Scheybl 1555 [9]

Sache versteht, ob er wohl die Demonstration nicht weiß. (Zitiert nach
[14, II, S. 508])

Die Übersetzung von Holtzmann wurde 1606 von J. P. Dou ins
Niederländische und merkwürdigerweise von Sebastian Curtius
1618 wieder zurück ins Deutsche übersetzt (Abb. 24). Man be-

23  Ausgabe Xylander 1562 [9]

achte auf dem Titelblatt der letztgenannten Ausgabe die Formulierung

lierung

sampt den Speciebus inn Geometrischen figurn . . .

Sie bezieht sich offenbar auf die geometrische Algebra. In der Tat
wird hier noch 1618 denjenigen, die nicht geübt im Umgang mit

116

Die sechs ersten Bücher

# EVCLIDIS,

Deß Hochgelärten weitberümbten / Griechischen Philosophi vnd Mathematici:

Von den anfängen vnd fundamenten der Geometriæ.

Dabey dann mancherley auß disen Büchern gezogene nutzbarkeiten angefüget seind: sampt den Speciebus inn Geometrischen figurn / als machen / verändern / zusammenfügen / abziehen / vielfältigen vnnd theilen:

Per Demonstrationes Lineales.

Auß H. Ioann Petersz Dou. Niderlandischen andern Edition verteutscht/ Durch

Sebastianum Curtium, Arithmeticum & G. Verordneten Inspectorn vnd Visitatorn der Teütschen Schuln in Nurnberg.

Gedruckt zu Amsterdam bey Wilhelm Janß. 1618.

24  Ausgabe Curtius 1618 [9]

Dezimalbrüchen sind, eine Art Analogrechnung im Stile von Buch II empfohlen.

Zuvor aber war 1610 noch eine Übersetzung von Simon Marius erschienen:

Die Ersten Sechs Bücher Elementorum Euclidis, In welchen die Anfäng und Gründe der Geometria ordenlich gelehret / und gründtlich erwiesen werden /

Mit sonderm Fleiß und Mühe auß Griechischer in unsere Hohe deutsche Sprach übergesetzet / und mit verstaendtlichen Exempeln in Linien und gemeinen Rational Zahlen / Auch mit Newen Figuren / auff das leichtest und aigentlichest erkläret: Alles zu sonderm Nutz den jenigen / so sich der Geometria / im Rechnen / Kriegßwesen / Feldtmässen / Bauen / und andern Künsten unnd Handtwerckern zugebrauchen haben; ...

Es folgen dann 1625 von Lucas Brunn, gedruckt in Nürnberg:

Euclidis Elementa Practica. Oder Außzug aller Problematum und Handarbeiten auß den 15. Büchern Euclidis ...

1628 von Heinrich Hoffmann, gedruckt in Jena:

Teutscher Euclides, Das ist seiner geometriae Erster Theil ...

dessen 2. Auflage 1651 die erste vollständige deutsche Übersetzung der Elemente sein wird,
1694 der Teutsch-Redende Euclides von A. F. Burckhardt von Pirckenstein, dessen herrlich anpreisendes Titelblatt wir dem Leser wieder im Bild vorstellen wollen (Abb. 25), er wird 1699 und 1744 neu aufgelegt.

1697 Samuel Reyhers In Teutscher Sprache vorgestellter Euclides, dessen VI. erste Bücher auf sonderbahre und sehr leichte Art / Mit Algebraischen/ oder aus der neuesten Löse-Kunst entlehneten Zeichen / also daß man deroselben Beweiß auch in andern Sprachen gebrauchen kan / eingerichtet ...

1723 die Ausgabe von Christian Schessler (Abb. 26), die 1729 nochmals aufgelegt wird,
und nach manchen anderen Ausgaben noch im 19. Jh.

Die Geometrie des Euklid / und / das Wesen derselben / erläutert durch / eine damit verbundene systematisch geordnete Sammlung / von mehr als tausend geometrischen Aufgaben und die / beigefügte Anleitung zu einer einfachen Auflösung / derselben / Ein Handbuch der Geometrie. / Für alle, / die eine gründliche Kenntniß dieser Wissenschaft in kurzer Zeit / erwerben wollen. / Von / Dr. E. S. Unger (Erfurt 1833).

Der heutige Leser mag seinen Spaß an Stil, Rechtschreibung und graphischer Gestaltung dieser seltsamen Literaturgattung haben. Leider wissen wir so gut wie nichts über die Breitenwirkung. Lediglich Theodor Storm hat uns mit literarischen Mitteln auf den ersten Seiten seiner berühmten Novelle *Der Schimmelreiter* ein eindrucksvolles (und wohl realistisches) Bild von der Rolle gezeichnet, die derartige Lehrbücher einst im Leben des einfachen Volkes gespielt haben mögen. Man lese diese Seiten aufmerksam:

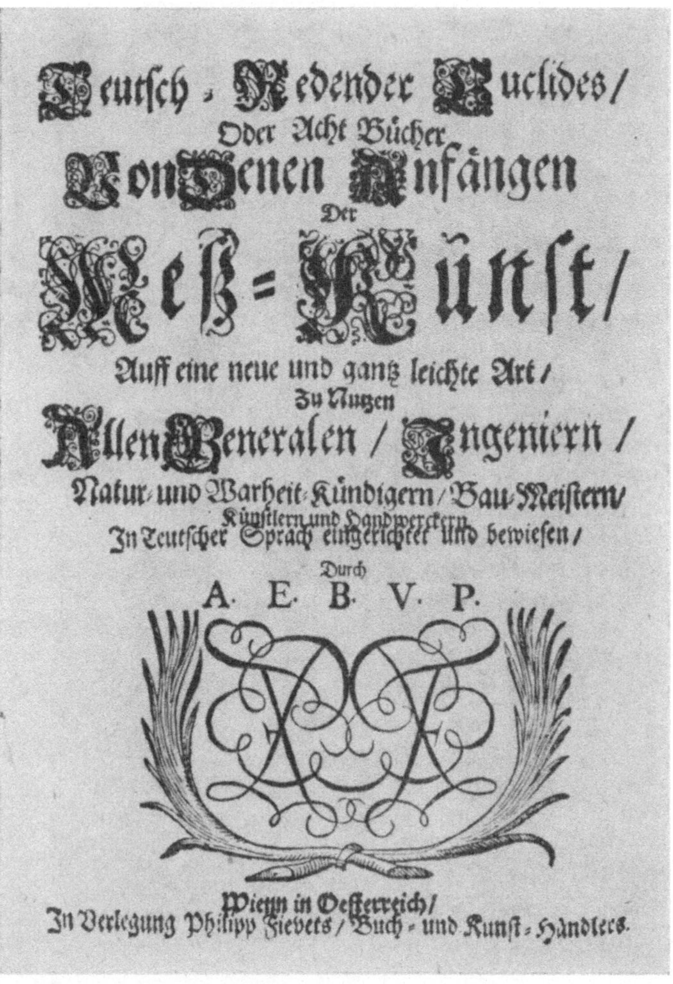


25  Ausgabe Pirckenstein 1694 [9]

Der Vater des späteren Schimmelreiters vermutet ernsthaft, es könnten sich zwei verschiedene Exemplare der *Elemente* im bäuerlichen Haushalt befinden, und der junge Hauke lernt Niederländisch zu dem einzigen Zweck, danach unter harten Bedingungen das einzige ihm zugängliche Exemplar der *Elemente* studieren zu können.

# Euclidis

## 15. Bücher Teutsch,

Auf eine besondere kurtze Art,
iedoch ausführlich abgehandelt,
und so wohl in Linien, als durch Zahlen,
*in specie* das Zehende Buch, mit denen
sonst schwer fallenden *irrational*-Größen,
Linien, und Flächen, aufs deutlichste *defi-niret*, erkläret und bewiesen, auch durch-
gehends alle 15. Bücher an statt der sonst
gewöhnlichen *obscuren* Holtzschnitte mit
erforderlichen Kupffer-Figuren,
Benebst einer hierzu nöthig habenden ratio-
nal- und irrational- auch binomischen
Algebra versehen.

durch
Christian Schesslern
ist zu finden
in Dreßden, beym Autor, und Johann
Christoph. Miethis sel. Erben
in Leipzig, bey itzt genenten Miethis
Erben und August Martini Buchen
1723.

26 Ausgabe Schessler 1723 [9]

Obwohl das Feilen an den Definitionen und Axiomen Euklids zu
den Lieblingsbeschäftigungen fast aller Übersetzer, Bearbeiter und
Nutzer der *Elemente* im Laufe zweier Jahrtausende gehörte,
wollen wir hier einige Beispiele vorrangig aus deutschen und
englischen Ausgaben zitieren, um dem Leser das Vergnügen auch
an der sprachlichen Gestaltung zu ermöglichen:

120

Johannes Widmann, Professor an der Universität Leipzig, schreibt in seinem volkstümlichen Rechenbuch von 1489

punctus ist eyn kleyn Dingk dz nicht zu teylen ist.
linea ist eyn ausstreckung die alleyn zu messen ist ynn die leng.

Die schönste Erklärung des Punktbegriffes findet man wohl in dem im 16. Jh. sehr verbreiteten Rechenbuch des Simon Jacob 1565):

Ein Punct ist ein untheilbares reines stüpfflein / welches mit keinem Instrument mag gemacht / sondern muß allein mit dem verstandt gefaßt werden.

Englische Mathematiker tragen inhaltliche Gesichtspunkte bei. So schreibt Th. Hobbes 1655 in einem Buch *Über Körper*:

Eine gerade Strecke ist eine solche, deren Endpunkte nicht weiter auseinander gezogen werden können.

Und John Playfair, ab 1785 Professor für Mathematik an der Universität Edinburgh, ist es, durch den die heute übliche Formulierung des Parallelenpostulats

Durch einen gegebenen Punkt $P$ außerhalb einer gegebenen Geraden $g$ gibt es nur eine zu $g$ parallele Gerade.

sich endgültig durchsetzt, obgleich der konstruktive Charakter und die Analogie zu den Postulaten 1 bis 3 dadurch verschleiert werden. Das in englischsprachigen Ländern auch heute meist noch als Playfair axiom bezeichnete Postulat findet sich schon bei Klaudios Ptolemaios. Bei Playfair ist es in seinem 1796 erschienenen Buch *Elements of Geometry* enthalten. Wir finden hier den geeigneten Platz, auch den Humor zu Worte kommen zu lassen. Dem legendären Katheterblütenproduzenten August Galletti, 1783 bis 1819 Professor am Gymnasium in Gotha, wird die blutrünstige Definition

Ein mathematischer Punkt ist ein Winkel, dem man beide Schenkel ausgerissen hat

zugeschrieben, und von Lewis Carroll, eigentlich Ch. L. Dodgson, Professor für Mathematik am Christ Church College in Oxford und Verfasser der weltberühmten Bücher *Alice im Wunderland* bzw. *im Hinterspiegelland*, stammt die folgende Parodie auf das dritte Postulat Euklids:

Gefordert soll sein, daß man um jede Frage und in beliebigem Abstand von dieser Frage einen Streit entfachen kann.

Sind wir in England, so wollen wir abschließend einen Blick auf die ersten Euklidausgaben in englischer Sprache werfen. Als Vorläufer erschien 1551 in London ein Buch mit dem Titel *The pathway to Knowledge* (Der Weg zum Wissen) von dem Arzt und bedeutenden Amateurmathematiker Robert Recorde. (Wir verdanken ihm u. a. das heute übliche Gleichheitszeichen.) Unter diesem Titel verbarg sich eine Bearbeitung der Bücher I–IV der *Elemente* für Praktiker, wobei besonders an Anwendungen im Bau- und Vermessungswesen gedacht war. Die erste vollständige Übersetzung der *Elemente* ins Englische wurde im Jahre 1570 von Henry Billingsley unter Mitwirkung des originellen Mathematikers John Dee herausgegeben. Dee war es auch, der um 1563 in der englischen Bibliotheca Cottoniana das arabische Fragment der *Teilung der Figuren* aufgefunden, übersetzt und als Werk des Euklid identifiziert hatte. Georg Cantor schätzte Dee als „den hervorragendsten englischen Mathematiker dieser Zeit"[8]. Billingsley, der aus ärmlichen Verhältnissen stammte, hatte unter Entbehrungen drei Jahre in Oxford studiert, wurde dann Kurzwarenhändler und arbeitete sich zum Lord Major (svw. Oberbürgermeister) von London hoch. Seine Euklidübersetzung ist ein prächtiger, sehr großer Foliant, der als Besonderheit eine Tasche mit Faltmodellen zu den Sätzen von Buch XI enthält. Jedem Buch ist eine zusammenfassende und kommentierende Einleitung vorangestellt, die oft auch widerstreitende Meinungen früherer Autoritäten gegeneinander stellt. Den Geist von Zeit und Ort dieser ersten englischen, ganz auf bürgerliche Repräsentation eingestellten Euklidausgabe können wir nicht besser illustrieren als mit einigen Zitaten aus Billingsleys Vorwort:

Es gibt nichts, hochedler Leser, einzig das Wort Gottes ausgenommen, was Seele und Verstand des Menschen so verschönt und schmückt wie die Kenntnis der schönen Künste und Wissenschaften ... Es gibt viele Künste, die dies leisten, aber keine in solchem Maße wie die sogenannten mathematischen Wissenschaften. Diese kann man nicht ohne perfekte Kenntnis der Prinzipien, Grundlagen und Elemente der Geometrie meistern ... Deshalb habe ich mit Verantwortungsbewußtsein und großen Mühen dieses Werk von Euklid sorgfältig in unsere gewöhnliche Sprache übersetzt ... Für meine Qualen und Mühen erwarte ich keinen anderen Dank und Lohn als den, daß Du, hochedler Leser, sie dankbar entgegennimmst. In diesem Fall würde ich mich ermutigt fühlen, einige weitere gute Autoren zu übersetzen ... Somit, hochedler Leser, lebe wohl.

---

8 Vgl. Purkert/Ilgauds: Georg Cantor, Leipzig 1985, S. 59.

# Euklid im Lehrbetrieb der Schulen und Universitäten

Bis tief ins 18. Jh. hinein war der Mathematik im Lehrbetrieb der Universitäten im allgemeinen nur ein bescheidener Platz innerhalb des studium generale, d. h. vor dem Studium einer der drei brotbringenden Fakultäten Theologie, Jura oder Medizin, eingeräumt. Anfangs verdienten sich Studenten dieser drei Fakultäten während des langen Studiums ihren Lebensunterhalt durch den Unterricht in den zuvor von ihnen selbst durchlaufenen „freien Künsten". Später wurde der akademische Unterricht in Mathematik häufig von Professoren der Theologie, der alten Sprachen o. ä. erteilt, so noch im 19. Jh. beispielsweise an englischen Universitäten oder in Prag. Es ist klar, daß derartige Zustände der Spezialisierung der Lehrenden auf bestimmte Disziplinen oder gar einer lebendigen Verbindung von Lehre und eigener Forschung nicht günstig waren. Die reiche Fülle neuer mathematischer Begriffe, Theorien, Methoden und Ergebnisse, die während der Renaissance hauptsächlich von Praktikern und Amateuren, später zunehmend an den Akademien hervorgebracht wurde, drang sehr langsam oder gar nicht in den akademischen Lehrbetrieb ein. Dort herrschte Euklid, und sein Studium diente nicht einer tatsächlichen Beherrschung der elementaren Mathematik für praktische Bedürfnisse, sondern dem Training einer gewissen allgemeinen geistigen und sprachlichen Beweglichkeit, philosophischer Disputation und nicht zuletzt der Übung in den klassischen Sprachen. Zahlreiche Ausnahmen, wie sie die Geschichte immer bereithält, vermögen diese allgemeine Einschätzung nicht zu erschüttern. Noch 1804 begann B. Bolzano seine *Betrachtungen über einige Gegenstände der Elementargeometrie* mit den Worten:

Es ist nicht unbekannt, daß die Mathematik nebst dem ausgebreiteten Nutzen, den ihre Anwendung auf das praktische Leben gewährt, auch noch einen zweiten kaum geringern, obgleich nicht so in die Sinne fallenden Nutzen durch Übung und Schärfung des Verstandes, durch die wohlthätige Beförderung einer gründlichen Denkart liefern könne; einen Nutzen, welchen der Staat vornehmlich beabsichtigt, wenn er das Studium dieser Wissenschaft von jedem Akademiker verlangt. [32, S. 9]

Nicht anders war die Situation an Gymnasien und vergleichbaren Schulen, wobei der Unterschied zwischen diesen und dem vorbereitenden akademischen Unterricht des studium generale überhaupt zeitweise gering bzw. die Grenzen fließend waren. Als 1773 erstmals die später vielfach aufgelegte deutsche Übersetzung der *Elemente* für den Schulgebrauch von Johann Friedrich Lorenz erschien, war ihr ein Vorwort des damals prominenten Mathematikers J. A. Segner vorangestellt, in dem es u. a. heißt:

Dieses macht die Absicht ein so schäzbares Werk unserer Jugend, der dasselbe fast gänzlich entzogen ist, wieder bekant zu machen, in meinen Augen sehr rühmlich; und ich kan bey der gegenwärtigen Verfassung unserer Schulen, in welchen die Sprachen des Alterthums, zum grossen Nachtheil einer wahren Gelehrsamkeit, nur allzusehr versäumet werden, es nicht gänzlich tadeln, daß dieses vermittelst einer Übersetzung ins Teutsche geschiehet. Denn wenn diese Sprachen, so wie sie solten, getrieben würden, so wäre ich so wenig vor eine in die Schule einzuführende teutsche Übersetzung, daß ich, wenn die Sache bey mir stünde, vielleicht sogar die lateinischen verbannen, und nur den griechischen Grundtext zulassen würde; aus welchem ein angehender Gelehrter, ausser den Gründen der Mathematic, auch die rechte Art, nicht nur ordentlich und richtig zu denken, sondern auch seine Gedanken nett, kurz und deutlich, ohne Ausschweiffung oder Zweydeutigkeit, durch die schicklichsten Worte auszudrücken, besser als aus einer Übersetzung lernen würde. Und dieses, daß der Lehrling in den Stand gesetzt und angewöhnt werde, gute Schriften mit Verstand zu lesen, seine eigene Gedanken aber, in einer der Sache angemessenen Rede, schriftlich oder auch nur mündlich, so vorzutragen, daß dadurch, wo nicht Vergnügen, doch wenigstens kein Mißfallen erwecket werde, wird doch immer die vornehmste Absicht der Schulen bleiben, welche bey keinem, welcher Lebensart er sich auch gewidmet haben mag, und am wenigsten bey einem angehenden Gelehrten, ohne einen schwerlich zu ersetzenden Nachtheil, bey Seite gesetzt werden kan.

Dem, was hier im breiten behäbigen Stil des 18. Jh. über die jenseits des unmittelbaren praktischen Nutzens liegenden Bildungs- und Erziehungsziele des Mathematikunterrichts gesagt wird, ist natürlich auch heute noch im Prinzip zuzustimmen, wenn gleiches über die Mittel zur Erreichung dieser Ziele und über die Rolle, die die euklidische Geometrie dabei zu spielen hat oder nicht, von den grauen Anfängen des europäischen Schulunterrichts bis heute stets verschiedene Meinungen und erbitterte Auseinandersetzungen gegeben hat. So erschien 1928 ein Raumlehrebuch für Anfänger von W. Kusserow mit dem polemischen Titel *Los von Euklid*, und K. Fladt schrieb 1927 in seinem Buch *Euklid* [48]:

Es hat darum nicht an Versuchen gefehlt, die Geometrie genetisch darzustellen. Aber die Euklidische Art der Darstellung erfreute sich durch die

Jahrhunderte eines solchen Ansehens, daß sie geradezu für die Sache selbst genommen wurde, daß man glaubte, der Sinn der Mathematik erschöpfe sich in ihrer logischen Folgerichtigkeit, die Mathematik sei darum lediglich ein formales, d. h. zur Bildung des Verstandes dienendes Unterrichtsfach. Die weitere Folge dieses Irrtums war, daß man aus den Elementen, dem Lehrbuch der Studenten Alexandrias, ein Schulbuch für Tertianer machte. Und da es nicht jeden Schülers Sache war, die Form vom Kern zu unterscheiden, galt die Mathematik für schwer, und man glaubte, für sie eine besondere Begabung haben zu müssen. All das Ansehen, das weite Kreise unserer Gebildeten dem eingeweihten Jünger mathematischen Geheimwissens zollten und heute noch zollen, aber auch das geheime Grauen, das sie vor der Mathematik empfinden, geht letzten Endes auf diese Wirkung der euklidischen Elemente zurück.

Am längsten hat man wohl in Großbritannien an einer Auffassung des Mathematikunterrichts als rein logischer Schulung des Verstandes und daher auch an der Verwendung der *Elemente* unmittelbar als Lehrbuch festgehalten. So konnte es zu solch kuriosen Auswüchsen kommen, daß noch in den fünfziger Jahren des vorigen Jh. in Unkenntnis der nichteuklidischen Geometrie und in einer allgemeinen Atmosphäre, in der der Übung des logischen Schließens aus falschen Voraussetzungen großer erzieherischer Wert beigelegt wurde, Teile dieser nichteuklidischen Geometrie sozusagen im Klassenraum nochmal gefunden wurden. [153, S. 187 f.]
Wir müssen aber nun noch über einige bemerkenswerte Erscheinungen und Persönlichkeiten in der älteren Geschichte der Euklidpflege an europäischen Bildungsstätten berichten, zunächst über die Pariser Humanisten des 15./16. Jh. Sie wandten sich entschieden gegen den mit der katholischen Ideologie fest verbundenen Aristotelismus und stellten ihm eine Neubelebung Platons und aller damit zusammenhängenden philosophischen Tendenzen entgegen. Ins Leben gerufen wurde diese Bewegung in Paris von Jacob Faber Stapulensis (eigentlich Jacques Lefèvre d'Etaples), der 1516 die erste Doppelausgabe Campanus-Zamberti in der Absicht veröffentlichte, damit die Aufklärung des Dilemmas zwischen dem bisher dominierenden Campanus-Text und der von Zamberti übersetzten griechischen Theon-Version zu fördern. Zu seinen Schülern und Anhängern zählten Orontius Finaeus (eigentlich Oronce Fine), Petrus Ramus (eigentlich Pierre de la Ramée) und der Deutschschweizer Conrad Rauchfuß (Dasypodius), die ebenfalls als Herausgeber von Euklidausgaben

aufgetreten sind. Ramée, ein engagierter Protestant, zog schon anläßlich der Verteidigung des Magistergrades 1536 den Haß aller Reaktionäre auf sich mit der provokatorischen These „Alles, was Aristoteles lehrte, ist falsch". In Wahrheit richtete sich diese These keineswegs gegen Aristoteles, dem die Pariser Humanisten viele Anregungen verdankten, sondern gegen die dogmatische Erstarrung der ihm zugeschriebenen Lehren. Nach vielen abenteuerlichen Schicksalen gehörte Ramée schließlich zu den im voraus auserkorenen Opfern der Bartholomäusnacht. Ramée stellte in seiner nominalistisch gefärbten Euklidausgabe (1541) als erster die Lesart der *Elemente* wieder her, wonach für Punkt das griechische Wort semeion (Zeichen, Buchstabe) gebraucht wird, was sich auf die Benennung der Punkte bezieht und nach Meinung vieler Experten als bewußte Kapitulation Euklids vor den an den athenischen Gelehrtenschulen ausgiebig diskutierten Schwierigkeiten des Punktbegriffes zu deuten ist. In der Auslegung von Ramée klingt schon die moderne strukturtheoretische Auffassung der Geometrie an, wonach die Begriffe Punkt, Gerade usw. nur implizit durch gewisse Axiome beschrieben werden, während es nicht Gegenstand einer deduktiv aufgebauten Geometrie ist, über die wahre (physikalische) Natur dieser Objekte nachzudenken. Im übrigen war Ramée keineswegs ein schöpferischer Mathematiker, aber er leitete eine Epoche ein, in der Euklid nicht mehr nur auswendig gelernt, sondern kritisch angeeignet wurde, kritisierte ihn auch selbst in bezug auf methodische Mängel. So meinte er zum Beispiel (und viele spätere Autoren folgten ihm hierin), das Parallelenpostulat dürfe erst dort formuliert werden, wo es zum ersten Mal benutzt und dadurch motiviert wird.

Als Reaktion auf die bereits besprochenen bildungspolitischen Aktivitäten der Jesuiten wurden um die Mitte des 16. Jh. protestantische Gymnasien gegründet, u. a. in Straßburg durch J. Sturm, einen Schüler von Faber Stapulensis. Dort wirkte Dasypodius als Mathematiker und veröffentlichte 1564 seine griechisch-latein. Schulausgabe der *Elemente*, die vielmals aufgelegt wurde. Man beachte die hiermit aufgenommene Tradition des Griechischen als gleichrangiges Unterrichtsfach neben dem Latein, die sich an den „humanistischen" Gymnasien bis in unser Jh. erhalten hat. 1570 folgte von Dasypodius eine griech.-lat.

Ausgabe aller damals zugänglichen Werke von Euklid, d. h.
*Elemente, Data, Optik, Katoptrik, Phaenomena* und *Harmonielehre.*
Zu den Schülern Ramées gehörten P. Forcadel, der die *Elemente*
ins Französische übersetzte, und J. Peletier (Peletarius), der als
erster das berüchtigte Problem des „Kontingenzwinkels" zwischen
Kreis und Kreistangente als gegenstandslos und den Winkel als
„nicht im mindesten von Null verschieden" bezeichnete, nachdem
seit Campanus alle Autoren diesem Problem breiten Raum gegeben
hatten. Die Frage geht auf Euklids Proposition III.16 zurück, wo
es heißt:

Eine rechtwinklig zum Kreisdurchmesser vom Endpunkt aus gezogene gerade
Linie muß außerhalb des Kreises fallen, und in den Zwischenraum der geraden
Linie und des Bogens läßt sich keine weitere gerade Linie nebenhineinziehen;
der Winkel des Halbkreises ist größer als jeder spitze geradlinige Winkel, der
Restwinkel kleiner.

Es läßt sich heute nicht einmal mit Sicherheit sagen, ob der
folgenreiche und an sich überflüssige Zusatz hinter dem Semi-
kolon nicht von irgenendeinem übereifrigen Bearbeiter in die
*Elemente* hineingeschmuggelt wurde, um die an sich klare Aussage
noch zu bekräftigen. Clavius jedenfalls vertrat die Ansicht, dieser
Zusatz sei ein hinreichender Grund, das Problem ernst zu nehmen.
Er und viele andere traten leidenschaftlich für eine Interpretation
der „hornförmigen Winkel" im Sinne einer (modern gesprochen)
nichtarchimedischen Größenlehre ein. Candalla formulierte
seine Vorstellung literarisch recht bemerkenswert: Der Kontingenzwinkel ist kleiner als jeder geradlinige Winkel, aber von
anderer Art, so wie die größte Mücke kleiner ist als das kleinste
Kamel [nach 14 II, S. 511]. Der Kontingenzwinkel hat noch in der
Entstehungsphase der Infinitesimalrechnung eine wichtige Rolle
als Modellfall einer unendlich kleinen (aber von Null verschiedenen) Größe für die mysteriösen Differentiale (unendlich kleinen
Zuwächse) gespielt, insbesondere bei Leibniz. Selbst moderne
Apologeten der Nichtstandardanalysis berufen sich gern wieder
auf dieses historische Beispiel und verweisen stolz darauf, daß
man den Vorstellungen von Campanus, Clavius und Candalla
heute einen exakten mathematischen Sinn geben kann. [90]
In England ist Sir Henry Savile zu nennen, der Anfang des
17. Jh. an der Universität Oxford Vorlesungen über die *Elemente*
in so ausführlicher Weise hielt, daß er nie über Proposition I.8

hinausgelangte. Er sammelte systematisch antike Literaturzitate über Euklid und bezeichnete zwei Naevi (svw. Makel, Geburtsfehler) der euklidischen Geometrie: Das Parallelenpostulat und die Proportionentheorie. Auf diese Bezeichnung spielt die bereits besprochene berühmte Abhandlung von Saccheri an, in der er sich mit beiden (!) Naevi auseinandersetzte. Savile stiftete einen Lehrstuhl an der Universität Oxford, der noch heute besteht und dessen jeweiliger Inhaber verpflichtet wurde, Vorlesungen über Euklid zu halten und sich mit den beiden Naevi zu beschäftigen. Einer der ersten Inhaber dieses Lehrstuhls war John Wallis, seine Beschäftigung mit dem Parallelenproblem demnach nicht ganz freiwillig.

27 John Wallis [126]

Als letztes Beispiel eines besonders mit Euklid verbundenen Universitätsprofessors wollen wir A. G. Kästner in Göttingen erwähnen, dem sein Student Gauß bekanntlich kein gutes Zeugnis als Mathematiker ausgestellt hat. Kästner hat fast alle bis 1770 erschienenen Schriften zum Parallelenproblem zusammengetragen und seinen Schüler G. S. Klügel zu einer historisch-kritischen Dissertation darüber angeregt, deren Wirkung auf die letztliche Lösung des Problems nicht hoch genug eingeschätzt werden kann.

## Das Verhältnis neuzeitlicher Mathematiker zu Euklid

Das bisher Dargestellte kann den Eindruck erwecken, als sei die Geschichte der europäischen Euklidrezeption zumindest bis zum massiven Aufgreifen des Parallelenproblems und der Entstehung der nichteuklidischen Geometrie, also bis zum Ende des 18./Anfang des 19. Jh., nahezu disjunkt zur „eigentlichen" Geschichte der Mathematik. Wir sind einer Fülle von Namen begegnet, deren Kenntnis keineswegs zur Allgemeinbildung, selbst eines historisch interessierten Mathematikers, gehört. Zentrale Gestalten der Mathematik des 16. bis 18. Jh. dagegen wie Kepler, Pascal, Fermat, Descartes, Newton oder Euler wurden nicht erwähnt (einzige Ausnahme Leibniz). Vor allem aber scheint es, als sei keine wesentliche schöpferische Anregung von Euklid ausgegangen, als habe seine Tradierung sich in literargeschichtlichen, philosophischen und pädagogischen Ambitionen erschöpft. In der Tat gibt es bisher keine umfassenden Untersuchungen über den Einfluß, den die (wohl in jedem Fall stattgefunden) Berührung der bedeutenden Mathematiker der genannten Zeit mit dem Werk Euklids gehabt haben könnte. Man müßte dazu die gesamte mathematische Literatur jenes Zeitraumes einschließlich der biographischen Quellen durchforsten, ein wahrhaft gigantisches Unternehmen, dem kein Einzelner gewachsen sein kann. Im folgenden kann daher nur versucht werden, an einigen Beispielen zu zeigen, daß der skizzierte Eindruck insgesamt falsch ist.
Nur wenige Mathematiker von wirklich hohem Rang haben sich unmittelbar der Bearbeitung, Herausgabe oder Kommentierung

der *Elemente* gewidmet. Wir nennen hier nur die Euklidausgabe von I. Barrow (1655 und mehrere spätere Auflagen), die sich vor allem durch ein starke Straffung der Beweise in dem für Barrow charakteristischen lapidaren Stil auszeichnet. Hingegen haben mehrere Mathematiker versucht, den Stoff Euklids in gänzlich eigener Weise darzustellen. Das führte besonders in Frankreich, beginnend mit den *Éléments de Géométrie* von A. C. Clairaut (1741, 6 französische Auflagen, Übersetzungen ins Niederländische, Polnische, Russische, Schwedische), zu einer „Los von Euklid"-Bewegung, die in den *Éléments de Géométrie* von A. M. Legendre gipfelte. Letztere erschienen erstmals 1794, hatten zu Lebzeiten des Autors 14 französische Auflagen sowie Übersetzungen ins Englische (1819), Deutsche (1821) und Italienische (1834). Clairaut hatte zur Motivation seines neuen Weges zur Elementargeometrie geschrieben:

Weitläufige Auseinandersetzungen über Dinge, bei denen von vornherein der gesunde Menschenverstand entscheidet, sind durchaus überflüssig und dienen nur dazu, die Wahrheit zu verdunkeln und den Leser abzuschrecken. (Deutsche Übersetz. nach [48, S. 153]).

Legendre brach auch mit Anordnung, Gliederung und Auswahl des Stoffes bei Euklid. Sein Buch änderte sich von Auflage zu Auflage. Es bestand meist zu einem guten Teil aus Anhängen und Zusätzen, die bei späteren Auflagen teilweise eingebaut wurden, um neuen Zusätzen Platz zu machen, ein Symptom dafür, wie intensiv Legendre über Jahrzehnte mit der Elementargeometrie gerungen hat. Insbesondere versuchte er in fast jeder Auflage einen neuen Beweis des Parallelenpostulats, dessen Lücke bzw. Zirkelschluß er selbst später feststellte. Im Zuge dieser Bemühungen entdeckte er die beiden heute nach ihm benannten fundamentalen Sätze der absoluten Geometrie neu, die wir bei Saccheri genannt haben. Übrigens wird berichtet, daß der junge Galois durch das Buch Legendres den ersten Kontakt mit der Mathematik hatte und es in unglaublich kurzer Zeit durcharbeitete. Später bemerkte er schmerzhaft den Unterschied zwischen der logisch so klar und systematisch aufgebauten Geometrie und dem damaligen Zustand der Algebra und machte es sich zur Lebensaufgabe, letztere in den Rang einer gleich vollkommen ausgebildeten Theorie zu erheben.
Viele Mathematiker realisierten ihr Verhältnis zu Euklid an ein-

*28* Adrien Marie Legendre [126]

zelnen der in den *Elementen* aufgeworfenen Probleme. So knüpften S. Stevin, J. Kepler und andere an die Theorie der regulären Polyeder an. Von Renaissance-Mathematikern wie Leonardo da Vinci, G. B. Bededetti, über G. Mohr und M. Mascheroni bis in unser Jahrhundert zieht sich eine starke Traditionslinie, geometrische Konstruktionsaufgaben systematisch mit eingeschränktem Gebrauch von Zirkel und Lineal (z. B. mit dem Zirkel allein oder mit dem Lineal und einem Zirkel fester Spannweite) oder ganz anderen Instrumenten zu lösen. Leibniz und Newton waren in ihren jeweiligen Hauptwerken ganz stark und explizit vom methodologischen Vorbild der *Elemente* beeinflußt. Leibniz war es übrigens, der das Wort Kongruenz für die euklidische Deckungsgleichheit von Figuren einführte. Die analytische Geometrie von Descartes und Fermat wäre undenkbar ohne das durch den Untergrund der *Elemente* geisternde Wechselspiel von algebraischer Behandlung geometrischer und geometrischer Behandlung algebraischer Sachverhalte.

Auch an Kritik Euklids hat es nie gefehlt. S. Stevin, der seine hohe Verehrung für Euklid mehrfach äußerte, bezeichnet andererseits die Schwierigkeit von Buch X als „Unglück und Schrecken, als Kreuz aller Mathematiker, eine schwer verdauliche Materie, deren Nutzen man noch nicht einmal erkennen kann". Leibniz und Newton kritisierten die Definitionen von Grundbegriffen wie Punkt und Gerade als nutzlos für den deduktiven Aufbau, unklar (Leibniz) und überhaupt nicht zum Gegenstand der Geometrie, sondern zur Physik gehörig (Newton). Am Parallelenpostulat, dem Kulminationspunkt aller Euklidkritik, hat sich, wie erst kürzlich bekannt wurde, sogar Euler versucht.

Über die eigentliche Entstehungs- und Anerkennungsgeschichte der nichteuklidischen Geometrie kann hier, wie schon im Vorwort angekündigt, natürlich nicht systematisch berichtet werden. Zwei Dinge sollen jedoch hervorgehoben werden. Erstens ist die überaus klarsichtige Haltung J. H. Lamberts bisher in der umfangreichen Literatur zur Geschichte der nichteuklidischen Geometrie kaum gebührend gewürdigt worden. Abgesehen von der mehrfach anerkannten Tatsache, daß Lambert als erster die Analogie derjenigen (hyperbolischen) Trigonometrie, die man erhält, wenn man das Parallelenaxiom durch seine Negation ersetzt, zur sphärischen Trigonometrie deutlich erkannte und von dort, rund 100 Jahre vor Beltrami, zu einer provisorischen Modellvorstellung für die nichteuklidische Geometrie gelangte, zeichnete er sich durch einen hohen Grad von methodologischer Einsicht in das Wesen des Parallelenproblems aus, der erst durch Hilbert wieder erreicht wurde:

... und merke nun ferner an, daß es bey den Schwierigkeiten über Euklid's 11ten Grundsatz eigentlich nur die Frage ist, ob derselbe aus den euklidischen Postulatis mit Zuziehung seiner übrigen Grundsätze in richtiger Folge hergeleitet werden könne? ... Und da Euklid's Postulata und übrigen Grundsätze einmal mit Worten ausgedrückt sind: so kann und soll gefordert werden, daß man sich in dem Beweise nirgends auf die Sache selbst berufe, sondern den Beweis durchaus symbolisch vortrage — wenn er möglich ist. In dieser Absicht sind Euklids Postulata gleichsam wie eben so viele algebraische Gleichungen, die man bereits vor sich hat, und aus welchen $x$, $y$, $z$ etc. herausgebracht werden soll, ohne daß man auf die Sache selbst zurücksehe. [48, S. 162]

Einen bemerkenswert unkonventionellen Standpunkt bezog Lambert auch zu den so viel diskutierten Definitionen Euklids, deren (teilweise) Überflüssigkeit im Rahmen eines deduktiven

Aufbaues der Geometrie doch so oft kritisiert wurde, weil man
Euklid die Absicht eines deduktiven Aufbaues im heutigen
Sinn unterschiebt, die er gar nicht gehabt haben kann, weil ihm
alle Begriffe mit einer von vornherein fixierten festen Bedeutung
behaftet sein mußten. Demgegenüber schreibt Lambert:

Daß Euklid seine Definitionen vorausschickt und anhäuft, das ist gleichsam
nur eine Nomenklatur. Er tut dabei weiter nichts, als was z. B. ein Uhrmacher
oder anderer Künstler tut, wenn er anfängt, seinem Lehrjungen die Namen seiner Werkzeuge bekanntzumachen. (Lambert, Deutscher Gelehrter Brief-
wechsel I, zit. nach [48, S. 141].)

Zum zweiten und abschließend wollen wir unsere Leser in Kürze
mit einem Aspekt der Frage euklidische oder nichteuklidische
Geometrie bekanntmachen, der gegen Ende des 20. Jh. kaum
noch nachvollziehbar ist. Schon in der theologisch motivierten
Beschäftigung mit Euklid im Mittelalter hatte die Frage, ob Gott
selbst an die Gesetze der Geometrie gebunden ist und ob er die
Wahl gehabt hätte, eine andere Geometrie zu schaffen, ob das

29 William Kingdon
Clifford [126]

Universum also rein logisch determiniert ist oder ob es eine Vielfalt von möglichen Welten gibt, die Gemüter erhitzt. Noch in der zweiten Hälfte des 19. Jh. spürten reaktionäre Geister, daß die mathematisch nachgewiesene Möglichkeit einer Vielfalt von Alternativen zur euklidischen Geometrie eine latente Gefahr für konservatives Denken bedeutet. Wenn die jahrtausendelang als denknotwendig angesehenen Gesetze der euklidischen Geometrie nicht apriorisch sind, könnte man ja auf die Idee kommen, auch an anderen bisher für ewig gehaltenen Wahrheiten zu zweifeln. Mathematiker wie G. Frege in Deutschland oder Ch. L. Dodgson in England wandten sich aus solch konservativem Denken heraus gefühlsmäßig gegen die nichteuklidische Geometrie. Andererseits hielt der liberal gesinnte bedeutende britische Mathematiker W. K. Clifford zahlreiche populärwissenschaftliche Vorträge über die nichteuklidische Geometrie in der offenbaren Absicht, die Öffentlichkeit des victorianischen England aus ihrem muffigen Konservatismus aufzurütteln. Blickt man von hier zurück zu der Rolle, die Euklids *Elemente* bei der Erschließung Chinas durch die Jesuiten gespielt haben, so kann man ins Staunen geraten über die Vielfalt der Möglichkeiten, mit einer scheinbar so ideologiefreien Materie wie der Geometrie Politik zu treiben.

# Die Vollendung der euklidischen Geometrie durch Pasch und Hilbert

Der rasche qualitative und quantitative Aufschwung der Mathematik, der gegen Ende des 18. Jh. einsetzte, brachte bis zur Mitte des 19. Jh. sowohl ein ganzes Spektrum neuer geometrischer Disziplinen (darstellende und projektive Geometrie, Differentialgeometrie der Kurven und Flächen im euklidischen Raum, innere Geometrie der Flächen, Ansätze einer höherdimensionalen Geometrie und eines verallgemeinerten Raumbegriffes u. a.) als auch eine Reihe von Problemen und Resultaten hervor, die zu einem tieferen Nachdenken über das Wesen mathematischer Begriffe und die Tragweite ihrer Methoden führten (Fragen nach der korrekten Definition von Begriffen wie Grenzwert, Stetigkeit, Differenzierbarkeit, Flächen- bzw. Rauminhalt und Integral, nach dem Wesen der komplexen Zahlen, Sätze über die Unlösbarkeit algebraischer Gleichungen durch Lösungsformeln bestimmter Typen und über die Unlösbarkeit bestimmter Konstruktionsaufgaben mit Zirkel und Lineal u. a.). Vor diesem Hintergrund konnte die von J. v. Bolyai und N. A. Lobatschewski nur behauptete innere Folgerichtigkeit einer nichteuklidischen Geometrie, in der das Parallelenpostulat nicht erfüllt ist, allmählich Anerkennung·gewinnen (woran die Autorität von Gauß keinen geringen Anteil hatte) und die euklidische Geometrie zugleich den Status einer von vielen möglichen Raumformen annehmen, die sich vor anderen Raumformen lediglich durch besondere Einfachheit und durch ihre unbestreitbar zumindest näherungsweise Gültigkeit in der physikalischen Realität auszeichnet. 1868 gelang es E. Beltrami zu zeigen, daß im euklidischen Raum eine Fläche konstanter negativer Krümmung existiert und daß ihre innere Geometrie lokal mit der nichteuklidischen Geometrie von Bolyai und Lobatschewski übereinstimmt. 1871 fand F. Klein unter Ausnutzung einer Idee von A. Cayley ein in die euklidische Ebene bzw. den euklidischen Raum eingebettetes globales Modell der zwei- bzw. dreidimensionalen nichteuklidischen Geometrie. (Zur näheren Information verweisen wir auf [112], [113], [126] und dort angegebene Literatur.) Damit waren auch Befürchtungen von Bolyai zerstreut, es könnten sich im dreidimensionalen Fall Widersprüche aus der Annahme der Negation des Parallelenpostulats ergeben. Ein anderes, projektiv äquivalentes, aber im konstruktiven Sinne „besseres" (vgl. dazu [118, S. 68 u. 127ff.)] Modell gab H. Poincaré 1882 an. Diese ersten „Nichtstandardmodelle" einer Theorie, deren Begriffe von Anfang an mit einer festen Bedeutung versehen zu sein scheinen, haben auf lange Sicht eine völlige Umwälzung der Vorstellungen von Wesen und Inhalt der Mathematik ausgelöst. Erst auf der Basis dieser konkreten Beispiele konnte man verstehen, was es eigentlich bedeutet, aus Axiomen Sätze zu beweisen: Eine Aussage (hier das Parallelenpostulat) ist sicher nicht aus einem Axiomensystem (hier den übrigen Axiomen der euklidischen Geometrie) beweisbar, wenn es eine Interpretation der (in den Axiomen und der zu beweisenden Aussage vorkommenden) Begriffe gibt, bei der das Axiomensystem erfüllt, aber die zu beweisende Aussage falsch ist. Merkwürdigerweise hat es von da an noch rund 60 Jahre gedauert, bevor 1930 (durch den polnischen Logiker A. Tarski) explizit die Umkehrung formuliert wurde: Eine Aussage folgt genau dann aus einem Axiomensystem, wenn sie in allen Modellen dieses Axiomensystems gültig ist, d. h. bei allen Interpretationen des gemeinsamen Begriffssystems von Axiomensystem und zu folgernder Aussage, bei denen alle Axiome des Systems erfüllt sind. Es sollte auch lange dauern, bis die so gewonnenen Einsichten in das Wesen der deduktiven Methode in alle Bereiche der Mathematik eindrangen. Aber um die Mitte des 20. Jh. war die Umwandlung der Mathematik in die Wissenschaft von den abstrakten, lediglich durch Axiome charakterisierten Strukturen auch als Massenprozeß im wesentlichen abgeschlossen. So hat Euklid durch die Hinterlassenschaft des Parallelenproblems nach mehr als 2200 Jahren, gerade zu einer Zeit, als die *Elemente* völlig „aus der Mode" waren, noch einmal einschneidend in die Entwicklung der Mathematik eingegriffen. Inzwischen hatte sich aber das Interesse der Mathematiker fast völlig vom „trivialen" Fall der zwei- und dreidimensionalen euklidischen Geometrie abgewandt. Man studierte „Räume" von beliebiger Dimension und mit beliebiger, möglicherweise von

136

Ort zu Ort wechselnder Krümmung und/oder mit völlig anderen globalen (topologischen) Eigenschaften, wobei unter den letzteren anfangs die projektiven Räume eine bevorzugte Stellung einnahmen, die aus euklidischen Räumen durch ideale Adjunktion „unendlich ferner" Punkte und Geraden entstehen. Wo doch noch Interesse an der gewöhnlichen euklidischen Geometrie auftrat, entdeckten die an der logischen Durchdringung zahlreicher neuer mathematischer Theorien geschulten Mathematiker nun nur noch Lücken und Fehler im axiomatischen Aufbau Euklids. So hatte schon Gauß in seinem berühmten Antwortbrief auf den Empfang der Abhandlung von J. v. Bolyai über die nichteuklidische Geometrie am 6. 3. 1832 an dessen Vater F. v. Bolyai, seinen ehemaligen Studienfreund, geschrieben:

Um die Geometrie vom Anfange an ordentlich zu behandeln, ist es unerlässlich, die Möglichkeit eines Planums zu beweisen; die gewöhnliche Definition enthält zu viel, und implicirt eigentlich subreptive schon ein Theorem. Man muß sich wundern, daß alle Schriftsteller von Euklid bis auf die neuesten Zeiten so nachlässig dabei zu Werk gegangen sind ... (Zitiert nach [112, S. 67f.])

und an anderer Stelle im gleichen Brief:

Bei einer vollständigen Durchführung müssen solche Worte wie „zwischen" auch erst auf klare *Begriffe* gebracht werden, was sehr gut angeht, was ich aber nirgends geleistet finde (a. a. O., S. 66).

Auch viele andere Mathematiker kritisierten Lücken im Begriffssystem und den Beweisen des Euklid, so z. B. H. Graßmann 1856 das Fehlen eines Axioms, welches sichert, daß eine Gerade (d. h. alle ihre Punkte) einer Ebene angehört, wenn sie zwei verschiedene Punkte dieser Ebene enthält. Der von Gauß gerügte unkontrollierte Gebrauch von Anordnungsbeziehungen in geometrischen Sätzen und Beweisen wurde 1882 von Moritz Pasch in seinen *Vorlesungen über neuere Geometrie* [107] behoben. Dabei ging es Pasch in diesem Buch eigentlich gar nicht um eine axiomatische Fundierung der Anordnungsbeziehungen, sondern um die Lösung der von F. Klein gestellten Aufgabe, die Widerspruchsfreiheit der projektiven Geometrie, d. h. die Konstruktion der projektiven Ebene bzw. des projektiven Raumes durch Adjunktion idealer Elemente, unabhängig von der Gültigkeit des Parallelenaxioms zu begründen, mit anderen Worten durch axiomatisch gesicherte Inzidenzbeziehungen in beschränkten Teilen der Ebene. Dabei war seine ontologische Position noch ganz „naturwissenschaftlich", d. h. die Lösung der Begriffe von ihrem anschaulich konkreten Inhalt nicht vollzogen. Pasch bemühte sich im Gegenteil, nur experimentell bzw. erfahrungsmäßig Überprüfbares in seinen Axiomen zu formulieren, wodurch das Parallelenaxiom fast automatisch aus den zugelassenen Axiomen ausscheidet, denn seine Aussage ist ja eine radikale Verallgemeinerung von Erfahrungen, die man in der Realität nur an relativ stark gegeneinander geneigten Geraden machen kann und die, wie die Modelle der nichteuklidischen Geometrie zeigen, keineswegs für alle Geradenpaare zwingend ist. Wie bei Euklid sind auch bei Pasch nicht unbeschränkte Geraden, sondern Strecken, Punkte, das Liegen von Punkten auf Strecken und das Verlängern von Strecken Grundbegriffe. Grundlegende Axiome und Sätze über die Zwischenrelation treten bei ihm zunächst implizit als Aussagen über das Liegen von Punkten innerhalb von Strecken auf, wobei er infolge der damals noch unzureichend ausgebildeten mengentheoretischen Denkweise manchmal die Endpunkte einer Strecke als ihr zugehörig betrachtete, manchmal aber auch nicht, so daß seine Sätze nach heutigen Maßstäben nicht einmal widerspruchsfrei sind. Und dies, obwohl Pasch bei seinen Zeitgenossen in dem Ruf eines Meisters der präzisen Formulierung stand! Daher zeigen seine Ungeschicklichkeiten eigentlich nur, wie außerordentlich mühsam der Weg bis zur heute selbstverständlichen prädikatenlogisch exakt normierten Sprechweise der Mathematik war, ohne die auch eine exakte und eindeutige Klärung metamathematischer Fragen wie Unabhängigkeit von Axiomen u. ä. kaum möglich ist. Erst an einer späteren Stelle seines Buches definiert Pasch:

Liegt etwa $C$ innerhalb der Strecke $AB$, so sagt man: Der Punkt $C$ liegt in der Geraden $g$ zwischen $A$ und $B$, $A$ und $C$ auf derselben Seite von $B$, $B$ und $C$ auf derselben Seite von $A$, $A$ und $B$ auf verschiedenen Seiten von $B$ ([107, S. 9]).

In dem *Von den Ebenen* überschriebenen zweiten Paragraphen tritt dann auch als IV. Grundsatz der später von Hilbert als Axiom von Pasch bezeichnete Sachverhalt auf:

Sind in einer ebenen Fläche drei Punkte $A$, $B$, $C$ durch die geraden Strecken $AB$, $AC$, $BC$ paarweise verbunden, und ist in derselben ebenen Fläche die

30 Moritz Pasch [Giessener Gelehrte, Marburg 1982]

31 David Hilbert (Reidemeister:
Hilbert. Berlin — Heidelberg — New
York 1971]

gerade Strecke *DE* durch einen innerhalb der Strecke *AB* gelegenen Punkt
gezogen, so geht die Strecke *DE* oder eine Verlängerung derselben entweder
durch einen Punkt der Strecke *AC* oder durch einen Punkt der Strecke *BC*.

Der qualitative Sprung zu einer Auffassung der euklidischen Geometrie als Strukturwissenschaft über Dinge, deren Wesen zu
ergründen nicht Aufgabe der Mathematik ist und die lediglich in
gewissem Maße implizit durch die über sie formulierten Axiome
charakterisiert werden, wurde 1899 von David Hilbert in seinen
*Grundlagen der Geometrie* vollzogen. Dieses Buch schickt sich
hinsichtlich der Zahl seiner Auflagen und der von ihm hervorge-
rufenen Folgeliteratur mittlerweile an, dem Beispiel von Euklids
*Elementen* zu folgen. Der neue Standpunkt kommt schon in den
ersten Sätzen des Buches zum Ausdruck:

Wir denken drei verschiedene Systeme von Dingen: die Dinge des ersten
Systems nennen wir Punkte und bezeichnen sie mit *A, B, C*, . . .; die Dinge
des zweiten Systems nennen wir Gerade und bezeichnen sie mit *a, b, c* . . .
(usw.)
Wir denken die Punkte, Geraden, Ebenen in gewissen gegenseitigen Bezie-

139

hungen und bezeichnen diese Beziehungen durch Worte wie „liegen", „zwischen", „parallel", „kongruent", „stetig"; die genaue und vollständige Beschreibung dieser Beziehungen erfolgt durch die Axiome der Geometrie.

Viel drastischer und dadurch sehr populär geworden hatte Hilbert seinen Standpunkt (nach dem Zeugnis von O. Blumenthal) bereits 1891 auf der Heimfahrt von Halle nach Königsberg nach dem Anhören eines Vortrages von Hermann Wiener geäußert:

Man muß jederzeit an Stelle von „Punkte, Gerade, Ebenen" „Tische, Bänke, Bierseidel" sagen können.

In der Tat hat Hilbert in seiner neuen abstrakten Auffassung von axiomatischer Geometrie außer H. Wiener und F. Schur noch eine Reihe weiterer Vorläufer gehabt, insbesondere in Italien. Wir müssen dazu auf [148] verweisen. Die ungeheure historische Wirkung seiner *Grundlagen* von 1899 beruhte sicher ebenso auf seiner damals bereits großen Autorität wie auf der Konsequenz und Brillanz, mit der das Programm durchgeführt war. In den Hilbertschen *Grundlagen* wird ja nicht nur schlechthin ein erstmals bezüglich Begriffen und Axiomen lückenloser Aufbau der euklidischen Geometrie skizziert. Dies allein ohne wesentliche neue Resultate hätte kaum so großen Widerhall gefunden. Indem Hilbert sogleich ein ganzes Spektrum metatheoretischer Fragen aufwarf und größtenteils löste (z. B. über die Unabhängigkeit der Sätze von Desargues und Pascal von ebenen Inzidenzaxiomen und ihre Schlüsselrolle beim Aufbau einer Streckenrechnung, über die algebraische Charakterisierung der mit Lineal und Eichmaß konstruierbaren Punkte, über die Definierbarkeit des elementaren Flächeninhalts und seinen Zusammenhang mit dem Begriff der Zerlegungs- und Ergänzungsgleichheit), zeigte er die Fruchtbarkeit des neuen Herangehens an die Elementargeometrie. In der Tat schossen danach die Bücher und Abhandlungen über Grundlagen der Geometrie wie Pilze aus dem Boden, und diese Flut ist bis heute nicht versiegt. Wir können hier nur noch die *Grundlagen der Geometrie* von Friedrich Schur aus dem Jahre 1909 erwähnen, in denen der Begriff der Bewegung statt des Kongruenzbegriffes durch Axiome charakterisiert wurde, was nicht nur für die heutige Schulgeometrie von Bedeutung ist, sondern erst den Begriff der Kongruenz und die Gesichtspunkte, nach denen ein System

140

hinreichender Kongruenzaxiome zu wählen ist, völlig aufklärte. Außerdem formulierte Schur in diesem Buch erstmals ein elementares Axiom zur Sicherung der Existenz der Schnittpunkte von Kreisen in solchen Fällen, in denen ihre Existenz anschaulich als selbstverständlich erscheint (vgl. S. 44).

Unter dem Eindruck der /großen progressiven Wirkung von Hilberts *Grundlagen der Geometrie* wird leicht zweierlei übersehen: Erstens hatte Hilbert eigentlich nur das Programm eines strengen axiomatischen Aufbaus der euklidischen Geometrie (auf rund 16 Druckseiten!) skizziert. Wieviele und welche Teufel da noch im Detail steckten, sollten erst die folgenden Jahrzehnte nach und nach enthüllen. Zweitens ist Hilbert selbst gar nicht alles so ganz klar gewesen, und von heutiger Position aus gäbe es an seinen *Grundlagen* beinahe ebensoviel zu „bekritteln" wie von Hilberts Erkenntnisstand aus an den *Elementen* des Euklid. Das beginnt mit der sprachlich und logisch unzureichenden Formulierung vieler elementarer Axiome und dem unkontrollierten Gebrauch definierter Begriffe und endet mit dem Hilbertschen Vollständigkeitsaxiom V.2, das die Kategorizität des Axiomensystems (d. h. die Existenz eines bis auf Isomorphie eindeutig bestimmten Modells) sichern soll und in der Hilbertschen Formulierung eigentlich nur einen Wunsch formuliert, welche Funktion dieses Axiom zu erfüllen hätte.

Bedenken wir aber: Ohne Euklids Leistung wären Hilberts *Grundlagen* nicht möglich gewesen. Ohne Hilberts *Grundlagen* wäre das heutige hohe Niveau der Grundlagen der Geometrie und der gesamten Metamathematik undenkbar. Mathematische Strenge ist ein zeitabhängiger Begriff. Nach uns werden Generationen kommen, die die Mängel und Lücken in unserer gegenwärtigen Mathematikauffassung aufdecken werden.

Übersicht 4:

Einige Euklidausgaben des 20. Jahrhunderts

| Übersetzer bzw. Herausgeber | Sprache | Jahr | Bemerkungen |
| --- | --- | --- | --- |
| Th. Eibe | dänisch | 1897—1912 | |
| M. Simon nach der Übersetz. | deutsch | 1901 | nur Buch I—VI |
| Jagannatha | Sanskrit | 1901/02 | |
| A. Baumgartner | ungar. | 1903/05 | nur Buch I—VI |
| Fr. Servit | tschech. | 1907 | |
| Th. Heath | engl. | 1908, 1926, 1956 | |
| W. Arway | poln. | 1911 | nur Buch I |
| R. C. Archibald | engl. | 1915 | Teil. v. Figuren |
| P. O'Leary | irisch | 1925 | nur Buch I |
| F. Enriques | italien. | 1925/35 | |
| E. J. Dijksterhuis | niederländ. | 1929/30 | |
| Cl. Thaer | deutsch | 1933—37, 1962, 1975, 1980, 1984 | |
| P. ver Eecke | griech. u. französ. | 1938 | Optik/Katoptrik |
| V. Marian | rumän. | 1939/41 | |
| D. Morduchai-Boltovskoj | russ. | 1948/50 | |
| A. Bilimovich | serbokroat. | 1949/53 | |
| E. Stamatis | neugriech. | 1952/57 | |
| J. M. Shelly | span. | 1954 | nur Buch I—IV |
| J. Itard | französ. | 1961 | nur Buch VII—IX |
| Nakamura/Terasaka/Ito/Ikeda | japan. | 1961 | |
| Petrosjan/Abrahamjan | armen. | 1962 | |
| Cl. Thaer | deutsch | 1962 | Data |
| G. J. Kayas | griech. u. französ. | 1978 | |
| S. Ito | engl. | 1980 | Data |
| G. Mayer/A. Szabo | ungar. | 1983 | |

# Schlußbemerkungen

Durch Schulreformen, die Ende des 19./Anfang des 20. Jh. in vielen Ländern durchgeführt wurden, und die sich in dieser Zeit entwickelnde, stark psychologisch orientierte Didaktik bzw. Methodik des Mathematikunterrichts, die einem anschaulichen Erfassen den Vorzug vor streng logischem Aufbau gibt, ist der Einfluß Euklids auf den mathematischen Unterricht stark zurückgedrängt worden. Wo er der Sache nach noch besteht, ist er selten explizit mit den Namen Euklids und der *Elemente* verbunden. Andererseits blieb die an Hilberts *Grundlagen der Geometrie* anschließende breite und subtile Erforschung der logischen Grundlagen der Elementargeometrie auf einen relativ kleinen Kreis von Mathematikern beschränkt. Beschäftigung mit Fragen der Elementargeometrie paßte wenig zum Geist der mittleren Jahrzehnte unseres Jahrhunderts und wurde schließlich von der Entwicklung der Computertechnik und den damit verbundenen mathematischen Problemen völlig an den Rand gedrängt. Um so bemerkenswerter ist es, daß die seit einigen Jahren zu verzeichnende starke Wiederbelebung des Interesses an elementargeometrischen Fragen des gewöhnlichen zwei- und dreidimensionalen euklidischen Raumes vorwiegend aus der Richtung der Computerwissenschaften kommt. Informationen lassen sich in fast beliebiger, für die jeweilige Computertechnologie bequemer Form (als Lochkarte bzw. -streifen, Magnetband, gedruckter Text, . . .) bereitstellen. Inzwischen ist jedoch aus der an den Problemen der Informationsverarbeitung gereiften Kybernetik die Computergeometrie, Digitalgraphik und Robotertechnik hervorgegangen, für die die materielle Form der zu bearbeitenden bzw. zu produzierenden Objekte nicht mehr Neben- sondern Hauptsache ist. Nun zeigt sich, daß wir nicht nur viel nützliche Elementargeometrie vergessen, sondern viele Dinge über den Raum, in dem wir leben, noch nie gewußt haben. Insbesondere besteht noch immer zu Recht die Kritik des Platon, daß die räumliche Geometrie unterentwickelt im Vergleich zur ebenen Geometrie ist. Unsere

Kenntnisse über den Raum beschränken sich, grob gesagt, auf Fragen des Volumens und das, was wir auch über den $n$-dimensionalen euklidischen Raum wissen. Es gibt aber auch in der Ebene noch kaum Fortschritte in der Behandlung komplizierter geometrischer Objekte. So geistert z. B. seit längerer Zeit durch die Folklore der Computerspezialisten das Schlagwort vom ersehnten „Euklid der Gitterebene", der endlich die geometrischen Verhältnisse auf dem gerasterten Bildschirm umfassend und systematisch darlegen soll.

Wir haben bei der Besprechung der *Elemente* gezeigt, daß zwei fundamentale Aspekte der modernen Mathematik ihre Wurzeln bei Euklid haben: der konstruktive Aspekt und der Aspekt der gegenseitigen Interpretation von geometrischen und arithmetisch-algebraischen Begriffen, Sachverhalten und Verfahren. Angesichts des drohenden, zum Teil schon vollzogenen und für beide Seiten überaus schädlichen Auseinanderstrebens von „klassischer Mathematik" und „Informatik" ist es vielleicht nützlich, sich auf solche Gemeinsamkeiten zu besinnen.

Was leistet gegenüber den damit umrissenen Ansprüchen die mathematikhistorische Forschung? Schon im Nachruf (Jahresber. DMV 38 (1929)) auf Johann Ludwig Heiberg, den Altmeister der modernen textkritischen Erforschung der altgriechischen Mathematik, mußte konstatiert werden, daß sein mühevolles Lebenswerk den Mathematikern wenig gebracht und bedeutet hat. Eine natürlich unvollständige statistische Auswertung der Sekundärliteratur über Euklid und die Tradierungsgeschichte seiner Werke zeigt ein signifikantes Ansteigen von durchschnittlich weniger als einer Arbeit pro Jahr vor 1960 auf mehr als das Doppelte seither. Darunter befinden sich wertvolle und fundamentale Arbeiten, denen der Verfasser des vorliegenden Büchleins Wesentliches verdankt. Zugleich muß man feststellen, daß die Mehrheit dieser Arbeiten durch Art und Ort der Veröffentlichungen den gewöhnlichen Mathematiker kaum erreichen kann. Es ist also auch ein Auseinanderstreben von Mathematik und Historiographie der Mathematik zu beklagen. Jede Epoche stellt ihre eigenen neuen Fragen an die Geschichte und erhält darauf neue Antworten. Die wesentlichen Fragen an die Geschichte der Mathematik müssen von den Mathematikern selbst gestellt werden, und die Mathematikhistoriker müssen lernen, diese (manchmal sehr leise gestellten) Fragen zu hören und zu beantworten, wenn sie ihre Disziplin nicht zu einer Kunst um der Kunst willen degenerieren lassen wollen. Die Mathematiker aber müssen begreifen, daß die Historiographie ihres Faches mehr sein will und kann als eine Fußnote im Lehrbuch oder eine Anekdote in der Vorlesung.

# Literatur

## A. Euklids Werke


[1] Euclidis opera omnia, griech./lat. ed. J. L. Heiberg/H. Menge, Leipzig: vol. I (1883)—VIII (1916), suppl.: Anaritii in decem libros priores Elementorum Euclidis commentarii, ed. M. Curtze 1899.

[1a] Euclides Elementa, ed. E. S. Stamatis nach Heiberg. Leipzig: I (1969) bis V,2 (1977).

[2] Die Elemente, nach Heibergs Text aus dem Griech. übersetzt u. herausgeg. v. Cl. Thaer (Ostwalds Klassiker, No. 235, 236, 240—243), 1. Teil 1933—5. Teil 1937. Reprints Darmstadt 1962, 1975, 1980, Leipzig 1984.

[3] Euklid's Elemente, fünfzehn Bücher, aus dem Griech. übersetzt v. J. F. Lorenz. Halle 1781, 6. Aufl. 1840 (Letzte deutsche Ausgabe der Bücher XIV u. XV).

[4] Die Data, nach Menges Text aus dem Griech. v. Cl. Thaer. Berlin — Göttingen — Heidelberg 1962.

[5] Katoptrik, griech. mit deutsch. Übersetz. v. W. Schmidt, in: Heronis Alexandrini Opera II,1. Leipzig 1900.

[6] Euclide, L'optique et la catoptrique (französ.) ed. P. Ver Eecke. Paris — Brügge 1938.

[7] R. C. Archibald: Euclid's Book on Divisions of Figures. With a Restoration Based on Woepckes Text and the Practica Geometriae of Leonardo Pisano. Cambridge 1915.


## B. Bibliographien


[8] P. Riccardi: Saggio di una bibliografia Euclides. 5 Teile, Bologna 1887—1893 (Mem. del Acad. d. Sci. d. Inst. di Bologna). Diese umfangreichste Bibliographie der Euklidhandschriften und -druckausgaben bis 1889 enthält rund 1500 Ausgaben.

[9] M. Steck/M. Folkerts: Bibliographia Euclideana. Hildesheim 1981. Beschreibt 7 Handschriften u. 313 Druckausgaben, enthält rund 230 Abbildungen historischer Handschriften, Titelblätter u. ä., sowie eine Fülle weiterer Informationen.

[10] F. J. Duarte: Bibliografia Euclides, Arquimedes, Newton. Caracas 1967. Verzeichnet 123 Euklidausgaben, darunter einige in [9] nicht erwähnte, ebenfalls zahlreiche Abb., viele Fehler.

[11] Ch. Thomas-Stanford: Early Editions of Euclids Elements. London 1926.

[12] A. Procissi: Bibliography of ancient Greek mathematics. Boll. Stor. Sci. Mat. 1, No. 1 (1981), 7—149. (Enthält u. a. 167 Sekundärliteraturangaben zur Geschichte der griech. Math.).

# C. Grundlegende Sekundärliteratur

Maßgebend für fast alle biographischen Fragen ist heute

[13] Dictionary of Scientific Biography, ed. Ch. Gillispie, 16 Bände, New York 1970—1980. (Abkürz. DSB) Darin:

[13a] I. Bulmer-Thomas: Euclid. Life and Works. DSB IV, 414—437 und

[13b] J. Murdoch: Euclid. Transmission of the Elements. DSB IV, 437—459.

[14] M. Cantor: Vorlesungen über Geschichte der Mathematik. Leipzig: Bd. I (1880), Bd. II (1892), Reprints Stuttgart u. New York 1965.

[15] Th. Heath: A History of Greek Mathematics, 2 Bde. Oxford 1921, Reprint 1960.

[16] Proklus Diadochus: Kommentar zum ersten Buch von Euklids „Elementen", deutsch v. P. L. Schönberger, hrsg. v. M. Steck. Halle 1945.


# D. Sonstige Literatur

[17] G. A. Allman: Greek Geometry from Thales to Euclid. Dublin 1889, Reprint New York 1976.

[18] H. G. Apostle: Aristotle's philosophy of mathematics. Chicago 1952.

[19] R. C. Archibald: The First Translation of Euclid's Elements Into English and Its Source. Amer. Math. Monthly 57 (1950), 443—452.

[20] I. G. Bašmakova: Arifmetičeskije knigi „Načal" Euklida. Ist.-mat. Issled. 1. Moskau — Leningrad 1948.

[21] O. Becker: Mathematische Existenz. Jahrbuch f. Philosophie u. phänomenolog. Forschung. VIII, Halle 1927, 441—809.

[22] O. Becker: Warum haben die Griechen die Existenz der 4. Proportionalen angenommen? Quellen u. Studien B2 1933, 369—387.

[23] O. Becker: Eine voreudoxische Proportionenlehre u. ihre Spuren bei Aristoteles u. Euklid. Quellen u. Studien B2 1933, 311—333.

[24] O. Becker: Spuren eines Stetigkeitsaxioms in der Art des Dedekind'schen zur Zeit des Eudoxos. Quellen u. Studien B3 1934, 236—244.

[25] O. Becker: Das Prinzip des ausgeschlossenen Dritten in der griech. Math. Quellen u. Studien B3 1934, 370—388.

[26] O. Becker: Die Lehre vom Geraden u. Ungeraden im 9. Buch der Elemente Euklids. Quellen u. Studien B5 1936, 533—553.

[27] O. Becker: Das mathematische Denken der Antike. Göttingen 1957.

[28] O. Becker: Zur Geschichte der griech. Math. Sammelband, Darmstadt 1965.

[29] F. Beckmann: Neue Gesichtspunkte zum 5. Buch Euklids. Arch. Hist. Exact Sci. 4 (1967/68), 1—144.

[30] A. Björnbo, S. Vogl (Hrsg.): al-Kindi, Tidens und Pseudo-Euklid. Drei optische Werke. Leipzig 1912.

[31] W. Blaschke, G. Schoppe: Regiomontanus: Commensurator. Akad. d. Wiss. u. d. Lit. Mainz, Math.-nat. Kl. 1956, No. 7.

[32] B. Bolzano: Schriften, Bd. 5. Geometrische Arbeiten. Prag 1948.

[33] S. Brentjes: Die erste Risala der Rasa'il Ihwan As-Safa' über elementare

Zahlentheorie — ihr math. Gehalt u. ihre Beziehungen zu spätantiken arithmetischen Schriften. JANUS LXXI (1984) 181—274.

[34] F. Buchbinder: Euclids Porismen und Data. Schulprogramm, Naumburg 1866.

[35] I. (Bulmer-)Thomas: Selections illustrating the History of Greek Mathematics. Harvard Univ. Press, vol. I, 1939, vol. II, 1941, Reprint 1980 (Quellensammlung).

[36] H. L. L. Busard: The translation of the Elements of Euclids from the Arabic into Latin by Herman of Carinthia (?). Leiden 1968.

[37] Butler/Fraser: The Arab Conquest of Egypt. 2. erw. Aufl. 1978.

[38] M. Cantor: Euclid und sein Jahrhundert. Zeitschr. f. Math. Phys. 12 (Supplement) 1867.

[39] M. Chasles: Les trois livres de Porismes d'Euclide. Paris 1860.

[40] M. Clagett: The Science of Mechanics in the Middle Ages. Madison/Wisconsin 1959 (enthält das dem Euklid zugeschriebene Fragment über das Gleichgewicht).

[41] M. Clagett: The medieval Latin Translations From the Arabic of the Elements of Euclid. With special emphasis on the versions of Adelard of Bath. Isis 44 (1953) 16—42.

[42] I. J. Depman: Über unbeachtete russische Ausgaben der „Elemente". [russ.] Ist.-mat. Issled. 3 (1950) 467—473.

[43] H. Diels: Die Fragmente der Vorsokratiker, 2 Bde. Berlin 1906/07. 6. Aufl. hrsg. v. W. Kranz, Berlin 1951. Deutsche Auswahl: Vorsokratische Denker. Berlin — Frankfurt/Main 1949.

[44] B. Dodge (Ed. and Transl.): The Fihrist of al-Nadim. New York — Leiden 1970.

[45] Ch. L. Dodgson: Euclid and his modern rivals. London 1879, 2. Aufl. 1885.

[46] J. B. Easton: A Tudor Euclid. Scripta mathematica 27 (1964) 339—355.

[47] V. Ehrenberg: Alexander und, Ägypten: Beihefte zum „Alten Orient", Heft 7, Leipzig 1926.

[48] F. Engel, P. Stäckel: Die Theorie der Parallellinien von Euklid bis auf Gauss. Leipzig 1895.

[49] K. Fladt: Euklid (o. O.) Verlag Otto Salle 1927.

[50] M. Folkerts: „Boethius" Geometrie II: Ein mathematisches Lehrbuch des Mittelalters. Wiesbaden 1970.

[51] M. Folkerts: Anonyme latein. Euklidbearbeitungen aus dem 12. Jh. Denkschriften Österr. Akad. Wiss. 116,1, Wien 1971.

[52] M. Folkerts: Regiomontans Euklidhandschriften. Sudhoffs Archiv 58 (1974) 149—164.

[53] M. Folkerts: Probleme der Euklidinterpretation u. ihre Bedeutung für die Entwicklung der Mathematik. Centaurus 23 (1980) 185—215.

[54] D. H. Fowler: Ratio in early Greek mathematics. Bull. Amer. Math. Soc., new Series 1 (1979) 807—846.

[55] D. H. Fowler: Book II of Euclid's Elements and a pre-Eudoxan theory of ratio. Arch. Hist. Exact Sci. 22 (1980) 5—36.

[56] D. H. Fowler: Sides and diameters, ebendort 26 (1982) 193—209.

[57] D. H. Fowler: Investigating Euclid's Elements. Brit. J. Phil. Sci. 34 (1983) 57—70.

[58] A. Frajese, L. Maccioni: Gli Elementi di Euclide. Turin 1970.

[59] W. B. Frankland: The story of Euclid. London — New York — Toronto 1901.

[60] H. Freudenthal: Zur Geschichte der Grundlagen der Geometrie. Nieuwe Archieff vor Wiskunde, 4th series 5 (1957) 105—142.

[61] K. v. Fritz: Grundprobleme der Geschichte der antiken Wissenschaft (Sammelband) Berlin 1971.

[62] R. Fülöp-Miller: Macht und Geheimnis der Jesuiten. Leipzig — Zürich 1929.

[63] B. Geyer: Die mathematischen Schriften des Albertus Magnus. Angelicum 35 (1958) 159—175.

[64] M. Geymonat: Euclidis Latine facti fragmenta Veronensia. Milano — Varese 1965.

[65] G. D. Goldat: The early medieval traditions of Euclid's Elements. Diss. Univ. of Wisconsin 1956.

[66] M. Guillaume: Axiomatik und Logik. In: J. Dieudonné: Geschichte der Mathematik 1700—1900, deutsche Übersetz. Berlin 1985.

[67] G. B. Halsted: Note on the First English Euclid. Amer. Journ. Math. 2 (1879) 46—48.

[68] G. Harig: Schriften zur Geschichte der Naturwissenschaften. Berlin 1983.

[69] Th. Heath: Mathematics in Aristotle. Oxford 1949.

[70] J. L. Heiberg: Die arabische Tradition der Elemente Euklid's. Zeitschr. Math. Phys. 29 (1884) 1—22.

[71] J. L. Heiberg: Euklids Elemente im Mittelater. Ebendort 35 (1890) 48—58, 81—98.

[72] J. L. Heiberg: Paralipomena zu Euklid. Hermes 38 (1903) 46—74, 161—201, 321—356.

[73] J. L. Heiberg: Mathematisches zu Aristoteles. Abhandl. zur Gesch. d. Math. Wiss. 18 (1904).

[74] J. L. Heiberg: Literargeschichtliche Studien über Euklid. Leipzig 1882.

[75] J. L. Heiberg: Geschichte der Mathematik u. Naturwiss. im Altertum. Handbuch d. Altertumswiss. 5. Bd., 1. Abt. München 1925.

[76] D. Hilbert: Grundlagen der Geometrie. Leipzig 1899, 2. (erw.) Aufl. 1903, 7. (umgearb. u. vermehrte) Aufl. 1930, ab 8. Aufl. 1956 Stuttgart, 12. Aufl. 1977.

[77] J. E. Hofmann: Über eine Euklid-Bearbeitung, die dem Albertus Magnus zugeschrieben wird. Proc. of the Intern. Congr. of Math. Cambridge 1958, 554—566.

[78] S. Ito: The medieval Latin Translation of the Data of Euclid. Basel 1980.

[79] F. Jürß, D. Ehlers: Aristoteles. Biographien hervorragender Naturwiss., Techniker u. Mediziner 60. Leipzig 1982.

[80] F. Jürß: Von Thales zu Demokrit. Leipzig — Jena — Berlin 1978.

[81] A. P. Juschkewitsch: On the first editions of the works of Euclid and Archimede. Publ. Institute of Natural Sciences 2 (1948).

[82] A. G. Kapp: Arabische Übersetzer u. Kommentatoren Euklids, sowie

deren math.-nat. Werke auf Grund des Ta'rikh al-Hukama' des Ibn
al-Qifti. Isis 22 (1934) 150—172, 23 (1935) 54—99, 24 (1935) 37—79.

[83] O. I. Kedrovskij: Wechselbeziehungen zwischen Philosophie u. Mathematik im geschichtlichen Entwicklungsprozeß. Leipzig 1984.

[84] M. Klamroth: Über den arabischen Euklid. Zeitschr. d. Dtsch. Morgenländ. Gesellsch. 35 (1881) 270—326, 788.

[85] M. Klamroth: Über die Auszüge aus griech. Schriftstellern bei al-Jaqubi IV. Mathematiker u. Astronomen. Ebendort 42 (1888) 1—44.

[86] W. R. Knorr: The Evolution of Euclidean Elements. A. Study of the Theory of Incommensurable Magnitudes and Its Significance for Early Greek Geometry. Dordrecht — Boston — London 1975.

[87] L. Koch: Jesuitenlexikon. Paderborn 1934.

[88] M. Lacoarret: Les traductions françaises des œuvres d'Euclide. Revue d'histoire des sciences 1957, 38—58.

[89] F. Lassere (Ed.): Die Fragmente des Eudoxos. Berlin 1966.

[90] D. Laugwitz: Die Messung von Kontingenzwinkeln. J. f. d. Reine u. Angew. Math. 245 (1970) 133—142.

[91] K. Lokotsch: Avicenna als Mathematiker, besonders die planimetrischen Bücher seiner Euklidübersetzung. Erfurt 1912.

[92] G. Loria: Della varia fortuna di Euclide. Rom 1893.

[93] D. Lübke: Platon. Leipzig — Jena — Berlin 1984.

[94] M. S. Mahoney: Another Look at Greek Geometrical Analysis. Arch. Hist. Exact Sci. 5 (1968) 318—348.

[95] K. Mainzer: Geschichte der Geometrie. Mannheim 1980.

[96] N. Malmendier: Eine Axiomatik zum 7. Buch der Elemente von Euklid. Math.-Phys. Semesterberichte 22 (1975) 240—254.

[97] G. P. Matvievskaja: Nekotorye arabskie kommentarii k desjatoj knige „načal" Evklida. In: Matematika na srednevekovom vostoke. Taschkent 1978, 3—87.

[98] Matvievskaja, B. A. Rozenfel'd: Matematiki i Astronomy musul'manskogo srednevekov'ja i ich trudy (VIII.—XVII. vv.) Tom 1—3. Moskau 1983.

[99] La Montre: Les 47 propositions du I. livre des Éléments d'Euclide avec des remarques de G. G. Leibniz Paris 1691,

[100] I. Mueller: Philosophy of Mathematics and the Deductive Structure in Euclid's Elements. Cambridge Mass. 1981.

[101] J. E. Murdoch: The medieval character of the medieval Euclid. Salient aspects of the translation of the Elements by Adelard of Bath and Campanus of Novara. Revue de synthèse III (1968) 67—94.

[102] E. Neuenschwander: Die ersten vier Bücher der Elemente Euklids. Arch. Hist. Exact Sci. 9 (1972/73) 325—380.

[103] E. Neuenschwander: Die stereometrischen Bücher der Elemente Euklids. Ebendort 14 (1975) 91—125.

[104] O. Neugebauer: Zur geometrischen Algebra. Quellen u. Studien B3 (1936) 245—259.

[105] E. Niebel: Untersuchungen über die Bedeutung der geometrischen Konstruktionen in der Antike. Köln 1959.

150

[106] M. E. Paiow: Rezension von: Kayas, Euclide. Les Elements. Texte grec et traduction française (Paris 1978). Zentralblatt f. Math. 433.01005.

[107] M. Pasch: Vorlesungen über neuere Geometrie. Leipzig 1882. 2. Aufl. 1912.

[108] G. Peano: Les propositions du cinquième livre d'Euclide, reduites en formules. Mathesis 1890, 73 ff.

[109] Platon: Der Staat. Deutsch v. O. Apelt. Leipzig, Reclams UB 1978.

[110] E. B. Plooij: Euclids conception of ratio and his definition of proportional magnitudes as critized by arabian commentators. Rotterdam o. J. (1950).

[111] R. Rašed: Ideja algebry po al-Chorezmi. In: Muchammad ibn Musa al-Choresmi. K 1200-letija so dnja roždenija. Moskau 1983, 95—108.

[112] H. Reichardt: Gauß und die Anfänge der nichteuklidischen Geometrie. Mit Originalarbeiten von J. Bolyai, N. I. Lobatschewski und F. Klein. (Teubner-Archiv zur Math., Bd. 4) Leipzig 1985.

[113] Rosenfeld/Jaglom: Nichteuklidische Geometrie. In: Enzyklopädie der Elementarmathematik, Bd. V, Geometrie. Berlin 1971 (Übersetz. aus dem Russ.).

[114] B. A. Rozenfel'd, A. P. Juškevič: Teorija parallel'nych linij na srednevekovom vostoke IX—XIV vv. Moskau 1983.

[115] Sabit ibn Korra (Thabit ibn Qurra): Matematičeskie traktaty. Naučnoe nasledstvo. Moskau 1984.

[116] E. Sachs: Die fünf platonischen Körper. Berlin 1917.

[117] J. Schönbeck: Euklid durch die Jahrhunderte. In: Jahrbuch Überblicke Mathematik. Mannheim 1984, 81—104.

[118] P. Schreiber: Grundlagen der konstruktiven Geometrie. Berlin 1984.

[119] W. Schubart: Die Griechen in Ägypten. Beihefte zum „Alten Orient", Heft 10. Leipzig 1927.

[120] W. Schubart: Das Buch bei den Griechen und Römern. 3. Aufl. Leipzig 1961.

[121] F. Schur: Grundlagen der Geometrie. Leipzig 1909.

[122] A. Seidenberg: Did Euclids Elements, Book I, develop Geometry axiomatically? Arch. Hist. Exact Sci. 14 (1974/75) 263—295.

[123] F. Sezgin: Geschichte des arabischen Schrifttums, Bd. V, Math., Leiden 1974.

[124] M. Simon: Geschichte der Mathematik im Altertum. Berlin 1909. Reprint Amsterdam 1973.

[125] D. M. Simpkins: Early Editions of Euclid in England. Annals of Science 22 (1966) 225—249.

[126] C. E. Sjöstedt: Le axiome de paralleles (Eine Sammlung von Originalarbeiten zur Parallelenproblematik mit Übersetzungen in Interlingue). Stockholm 1968.

[127] D. E. Smith: Euclid, Omar Khayyam and Saccheri. Scripta mathematica 3 (1935) No. 1, 5—10.

[128] Th. Smith: Euclid, his life and system. Edinburgh 1902.

[129] E. S. Stamatiš: Über Euklid, den Mathematiker. Das Altertum 9 (1963) H. 2, 78—84.

[130] A. D. Steele: Über die Rolle von Zirkel und Lineal in der griechischen Mathematik. Quellen u. Studien B3 (1934/36) 287—369.

[131] M. Steinschneider: Die ‚mittleren' Bücher der Araber und ihre Bearbeiter. Zeitschr. Math. Phys. 10 (1865) 456—498.

[132] M. Steinschneider: Euklid bei den Arabern: Eine bibliographische Studie. Zeitschr. Math. Phys. 31 (1886) 81—110.

[133] M. Steinschneider: Die hebräischen Übersetzungen des Mittelalters und die Juden als Dolmetscher. Berlin 1893, Nachdruck Graz 1956.

[133a] H. Suter: Das Mathematiker-Verzeichnis im Fihrist des Ibn Ja'kub an-Nadim. Abhandl. zur Gesch. d. Math. VI (1892) 1—87.

[134] H. Suter: Die Mathematiker u. Astronomen der Araber und ihre Werke. Zeitschr. Math. Phys. 45 (1900) 129 f.

[135] H. Suter: Der Kommentar des Pappus zum X. Buche des Euklides aus der arab. Übersetzung des Abu Othman al-Dimashki ins Deutsche übertragen. Abhandl. zur Gesch. d. Nat.wiss. u. d. Medizin 4 (1922) 9—78.

[136] A. Szabó: Die Grundlagen der frühgriech. Mathematik. Studi italiani filologica classica, n. s. 30 (1958) 1—51.

[137] A. Szabó: Was heißt der mathematische Terminus $\alpha\xi\iota\omega\mu\alpha$? Maia 12 (1960) 89—105.

[138] A. Szabó: Anfänge des euklidischen Axiomensystems. Arch. Hist. Exact Sci. 1 (1960) 36—106.

[139] A. Szabó: Der älteste Versuch einer definitoris‹ omatischen Grundlegung der Mathematik. Osiris 14 (1962) 308—309.

[140] A. Szabó: Anfänge der griechischen Mathematik. München — Wien 1969 (Engl. Übersetz. Budapest — Dordrecht 1978).

[141] Ch. M. Taisbak: Coloured Quadrangles. A Guide to the Tenth Book of Euclid's Elements (Opuscula Graecolatina 24). Kopenhagen 1982. Vgl. auch die Rezension hierzu von M. E. Paiow in Zentralblatt f. Math. 516.01002.

[142] P. Tannery: Sur l' authenticité des axiomes d' Euclide. Memoires. Scientifiques vol. 2, Paris 1912.

[143] Cl. Thaer: Die Euklid-Überlieferung durch al-Tusi. Quellen u. Studien B3 (1936) 116—121.

[144] Cl. Thaer: Eine goniometrische Formel bei Euklid. Z. math. u. nat.wiss. Unterricht 71 (1940) 66 f.

[145] Cl. Thaer: Euklids Data in arabischer Fassung. Hermes 77 (1942) 197—205.

[146] W. Theisen: Euclid's Optics in the medieval curriculum. Arch. Hist. Exact Sci. 32 (1982) 159 — 176.

[147] H. Thiersch: Pharos, Antike, Islam und Occident. Leipzig 1909.

[148] M.-M. Toepell: Über die Entstehung von David Hilberts „Grundlagen der Geometrie". Göttingen — Zürich 1986.

[149] I. Toth: Das Parallelenproblem im corpus Aristotelicum. Arch. Hist. Exact Sci. 3 (1967) 256—301.

[150] I. Toth: Non-Euclidean Geometry before Euclid. Scientific American Nov. 1969, 87—98.

[151] I. Toth: Die nichteuklidische Phänomenologie des Geistes; wiss. theoretische Betrachtungen zur Entwicklung der Math. Frankfurt/Main 1972.

[152] I. Toth: Geometria more ethico. In: Prismata, Hrsg. Y. Maeyama u. W. G. Saltzer. Wiesbaden 1977.

[153] I. Toth: Gott und Geometrie, eine victorianische Kontroverse. Schriftenreihe d. Univ. Regensburg, Bd. 7 (1982) 141—204.

[154] I. Toth: Euklides von Alexandria. Archiv d. Gesch. d. Nat.wiss. 4/1982.

[155] J. Tropfke: Geschichte der Elementarmathematik, 4. Bd., Ebene Geometrie, 3. Aufl. Berlin 1940.

[156] M. Ja. Vygodski: „Načala" Evklida. Ist.-mat. Issled. 1 (1948).

[157] B. L. van der Waerden: De logische grondslagen der Euklidische meetkunde. Groningen 1937.

[158] B. L. van der Waerden: Erwachende Wissenschaft. 2. Aufl. Basel — Stuttgart 1966.

[159] B. L. van der Waerden: Die Postulate und Konstruktionen in der frühgriechischen Geometrie. Arch. Hist. Exact Sci. 18 (1978) 343—357.

[160] H. Weissenborn: Die Übersetzungen des Euklid durch Campano und Zamberti. Halle 1882.

[161] H. Weissenborn: Die Übersetzung des Euklid aus dem Arab. in das Latein durch Adelhard von Bath. Zeitschr. Math. Phys. 25 (1880) 143—166.

[162] E. Wiedemann: Aufsätze zur arabischen Wissenschaftsgeschichte, 2 Bde. Hildesheim — New York 1970.

[163] F. Woepcke: Notice sur des traductions arabes de deux ouvrages perdus d' Euclide. Journal asiatique 4. series 18 (1851) 217—232.

[164] F. Woepcke: Trois traités arabes sur les compas parfait. Notices et extraits de manuscrits de la Bibliothèque Nationale (du Roi) des 1787. Paris 1874, 1—147.

[165] H. Wußing: Mathematik in der Antike. Leipzig 1962 2. Aufl. 1965.

[166] H. Wußing: Euklid von Alexandria. In: Biographien bedeutender Mathematiker, hrsg. v. Wußing/Arnold, Berlin 1975, 3. Aufl. 1983.

[167] H. Wußing: Vorlesungen zur Geschichte der Mathematik. Berlin 1979.

[168] G. R. de Young: The Arithmetic Books of Euclid's Elements in the Arabic Tradition. Diss. Harvard Univ. Cambridge Mass. 1981.

[169] H. G. Zeuthen: Geschichte der Mathematik im Altertum und Mittelalter, Kopenhagen 1895.

[170] H. G. Zeuthen: Die geometrische Konstruktion als ,Existenzbeweis' in der antiken Geometrie. Math. Ann. 47 (1896) 222—228.

Die in Übersicht 4 angegebenen Euklidausgaben des 20. Jh. enthalten größtenteils mehr oder weniger ausführliche sachliche und historische Einleitungen, die hier nicht nochmals als Sekundärliteratur aufgelistet wurden. Sofern im Text auf solche Einleitungen Bezug genommen wird, geschieht dies lediglich durch den Namen des Übersetzers/Herausgebers und die Jahreszahl, z. B. Simon 1901.

# Personenregister

Steht die größere vor der kleineren Jahreszahl, z. B. 287?—212, so handelt es sich um Jahre v. u. Z. Angaben wie 3. Jh., gest. um 500 usw. sind nur gekennzeichnet, wenn es sich um Jahre v. u. Z. handelt, andernfalls sind es Jahre u. Z. Islamische Namen mit al-, at-, as- usw. findet man unter dem hierauf folgenden Buchstaben des Namens, mit Ibn beginnende Namen unter I.

Abu' l-Wafa (940—997/998) 87

Adelhard von Bath (um 1075—um 1160) 99, 107

Aelian (2./3. Jh.) 81

Albertus Magnus (Albert Graf von Bollstädt) (um 1200—1280) 101

Alexander der Große, König von Makedonien (356—323) 21, 23, 28

Anthemios von Tralleis (6. Jh.) 75

Apollonios von Perge (um 262—190) 11, 29, 55, 71, 73f.

Archibald, Raymond Clare (1875 bis 1955) 63, 142

Archimedes (287?—212) 10f., 18, 37, 53, 55f., 58, 71—73, 88, 92

Arethas, Erzbischof von Kappadokien (9. Jh.) 80

Aristaios (4. Jh. v. u. Z.) 56, 74

Aristarch von Samos (um 310—um 230) 69—71, 81

Aristoteles (384—322) 12, 14f., 19, 21, 25, 30, 43, 57f., 73, 82, 89, 92, 126

Aristoxenes von Tarent (um 354 bis 300) 57

Arsinoë, Gemahlin Ptolemaios' II. (geb. um 316 v. u. Z.) 24

Astarow, Iwan (18. Jh.) 113

Autolykos von Pitane (4. Jh. v. u. Z.) 56, 81

Bacon, Roger (1214—1294) 101

Banu Musa, 3 Brüder: Muhammad (gest. 872), Ahmad, al-Hasan 92

Barrow, Isaac (1630—1677) 130

Beltrami, Eugenio (1835—1900) 132, 135

Benedetti, Giovanni Battista (1530 bis 1590) 131

ben Gerson, Levi (auch Gersonides, Leo de Balnedis) (1288—1344) 95

ben Tibbon, Jacob ben Machir (um 1236—1305) 95

ben Tibbon, Moses ben Samuel (13. Jh.) 95

Billingsley, Henry (gest. 1606) 112, 122

al-Biruni, Abu Raichan (973—um 1050) 84

Björnbo, Axel Anton (1874—1911) 98

Blumenthal, Otto (1876—1944) 140

Boëthius, Anicius Manlius Torquatus Severinus (um 480—524) 98

Bolyai, Janos v. (1802—1860) 135 bis 137

Bolyai, Farkas v. (1775—1856) 137

Bolzano, Bernard (1781—1848) 123

Boscovich, Ruder Josef (1711—1787) 108

Bradwardine, Thomas (um 1290 bis 1349) 101

Brassai, Samuel (19. Jh.) 113

Brunn, Lucas (um 1575—1628) 118

Burckhardt von Pirckenstein, A. F. (um 1700) 118

Wir empfehlen weiter aus dieser Reihe:

Prof. Dr. sc. Fritz Jürss und Dr. Dietrich Ehlers, Berlin

**Aristoteles**

3. Aufl. in Vorbereitung
102 Seiten mit 12 Abbildungen. (Band 60)
Kartoniert DDR 6,80 M; Ausland 8,60 DM

Inhalt:
Einleitung · Die Persönlichkeit und ihre Gesellschaft ·
Die philosophische Grundlegung · Bewegung, Raum
und Zeit · Die Struktur der Welt · Die Wirklichkeits-
geschichte · Chronologie

BSB B. G. Teubner Verlagsgesellschaft, Leipzig

# Ostwalds Klassiker der exakten Wissenschaften

Euklid

## Die Elemente

Übersetzt aus dem Griechischen und herausgegeben von
C. Thaer

1. Teil (Buch I—III)
89 Seiten mit 103 Abbildungen. (Band 235 — Reprint)
Kartoniert DDR 13,— M; Ausland 13,— DM
Bestell-Nr. 6696541   Bestellwort: Euklid, Elemente 1

2. Teil (Buch IV—VI)
76 Seiten mit 77 Abbildungen. (Band 236 — Reprint)
Kartoniert DDR 11,— M; Ausland 11, — DM
Bestell-Nr. 6696533   Bestellwort: Euklid, Elemente 2

3. Teil (Buch VII—IX)
81 Seiten. (Band 240 — Reprint)
Kartoniert DDR 12,— M; Ausland 12,— DM
Bestell-Nr. 6696525   Bestellwort: Euklid, Elemente 3

4. Teil (Buch X)
120 Seiten. (Band 241 — Reprint)
Kartoniert DDR 17,— M; Ausland 17,— DM
Bestell-Nr. 6696517   Bestellwort: Euklid, Elemente 4

5. Teil (Buch XI—XIII)
115 Seiten. (Band 243 — Reprint)
Kartoniert DDR 16,— M; Ausland 16, — DM
Bestell-Nr. 6696509. Bestellwort: Euklid, Elemente 5

AKADEMISCHE VERLAGSGESELLSCHAFT
GEEST & PORTIG K.-G. · LEIPZIG